住房和城乡建设部中等职业教育建筑施工与建筑装饰专业指导委员会规划推荐教材

钢筋翻样与加工

张淑敏　陈志会　主编

张玉威　主审

中国建筑工业出版社

图书在版编目（CIP）数据

钢筋翻样与加工/张淑敏，陈志会主编.—北京：中国建筑工业出版社，2018.11
（2025.8重印）
住房和城乡建设部中等职业教育建筑施工与建筑装饰专业指导委员会规划推荐教材
ISBN 978-7-112-22579-8

Ⅰ.①钢…　Ⅱ.①张…②陈…　Ⅲ.①建筑工程－钢筋－工程施工—中等专业学校—
教材　Ⅳ.①TU755.3

中国版本图书馆CIP数据核字（2018）第189525号

本书根据最新公布的专业教学标准以及现行国家规范、标准、图集，结合工程实际应用，采用项目教学法思路编写。

本书共10个项目，项目1～项目6分别为基础、框架柱、框架梁、板、剪力墙、楼梯的钢筋翻样，项目7～项目9分别为钢筋的加工、连接、安装，项目10介绍了钢筋翻样软件的应用。

本书可作为职业院校土建类专业的教材，也可作为建筑施工技术人员培训学习和技能鉴定的参考书。

本书通过二维码提供相关数字资源，主要为视频、图片、文档等内容，可以扫描二维码免费获取。

为了更好地支持相应课程的教学，我们向采用本书作为教材的教师提供课件，有需要者可与出版社联系。建工书院：http://edu.cabplink.com，邮箱：jckj@cabp.com.cn，2917266507@qq.com，电话：(010)
58337285。

责任编辑：聂　伟　陈　桦
书籍设计：京点制版
责任校对：王　瑞

住房和城乡建设部中等职业教育建筑施工与建筑装饰专业指导委员会规划推荐教材
钢筋翻样与加工
张淑敏　陈志会　主编
　　　　张玉威　主审
*
中国建筑工业出版社出版、发行（北京海淀三里河路9号）
各地新华书店、建筑书店经销
北京点击世代文化传媒有限公司制版
建工社（河北）印刷有限公司印刷
*
开本：787×1092毫米　1/16　印张：10¼　字数：237千字
2019年1月第一版　2025年8月第七次印刷
定价：39.00元（附配套数字资源及赠教师课件）
ISBN 978-7-112-22579-8
　　　（32654）

序言 ◆◆◆
Preface

　　住房和城乡建设部中等职业教育专业指导委员会是在全国住房和城乡建设职业教育教学指导委员会、住房城乡建设部人事司的领导下，指导住房城乡建设类中等职业教育（包括普通中专、成人中专、职业高中、技工学校等）的专业建设和人才培养的专家机构。其主要任务是：研究建设类中等职业教育的专业发展方向、专业设置和教育教学改革；组织制定并及时修订专业培养目标、专业教育标准、专业培养方案、技能培养方案，组织编制有关课程和教学环节的教学大纲；研究制订教材建设规划，组织教材编写和评选工作，开展教材的评价和评优工作；研究制订专业教育评估标准、专业教育评估程序与办法，协调、配合专业教育评估工作的开展等。

　　本套教材是由住房和城乡建设部中等职业教育建筑施工与建筑装饰专业指导委员会（以下简称专指委）组织编写的。该套教材根据教育部2014年7月公布的《中等职业学校建筑工程施工专业教学标准（试行）》编写。专指委的委员参与了专业教学标准和课程标准的制定，并将教学改革的理念融入教材的编写，使本套教材能体现最新的教学标准和课程标准的精神。教材编写体现了理论实践一体化教学和做中学、做中教的职业教育教学特色。教材中采用了最新的规范、标准、规程，体现了先进性、通用性、实用性的原则。本套教材中的大部分教材，被评为"十二五"职业教育国家规划教材和住房城乡建设部土建类学科专业"十三五"规划教材。

　　教学改革是一个不断深化的过程，教材建设是一个不断推陈出新的过程，需要在教学实践中不断完善，希望本套教材能对进一步开展中等职业教育的教学改革发挥积极的推动作用。

住房和城乡建设部中等职业教育建筑施工与建筑装饰专业指导委员会

本书根据最新的专业教学标准以及现行国家规范、标准、图集，结合工程实际应用，采用项目教学法思路编写。项目教学法最显著的特点是"以项目为主线、以教师为引导、以学生为主体"，改变了以往"教师讲，学生听"的被动教学模式，创造了学生主动参与、自主协作、探索创新的新型教学模式。

"钢筋翻样与加工"是一门实践性很强的课程。项目1～项目6从实际施工图纸中选用了现浇混凝土独立基础、框架柱、框架梁、有梁板、板式楼梯、剪力墙等六个具有代表性的构件进行钢筋翻样，从识读平法施工图纸开始，掌握钢筋混凝土结构构造要求，绘制钢筋构件翻样图，介绍了钢筋下料长度的计算方法，结合相关的理论知识完成钢筋配料单。项目7～项目9考虑了施工工艺的要求，在完成钢筋翻样之后，进行钢筋的加工、连接、安装等工序，可操作性强。目前建筑已逐渐向超高层、大跨度等高难度方向发展，人工计算工程量较大，对相关人员要求较高。随着BIM技术的发展，各类工程项目软件也逐渐发展成熟，项目10介绍了钢筋翻样软件的应用。

本书中的理论知识围绕完成项目内容展开。在书中相关知识点处配置了二维码数字资源，主要为视频、图片、文档等生动、立体的拓展内容，可以扫描二维码免费获取，方便学生学习和理解。对于学生完成作业所需的空白表格也可通过二维码下载、打印。

本书由张淑敏、陈志会任主编，张玉威任主审。本教材编写团队组成突出"校企合作、校际合作"开发、"中高职衔接"特点，具体分工如下：河北城乡建设学校崔葛芹编写项目1，河北城乡建设学校张淑敏编写项目2、项目5、项目6，河北城乡建设学校李月辉、威海职业学院刘永娟编写项目3，河北城乡建设学校李庆肖、河北建设集团股份有限公司三分公司赵东编写项目4，河北城乡建设学校陈志会、广西理工职业技术学校何国林、覃润蓉编写项目7，广州市建筑工程职业学校蔡艺钦编写项目8，桂林航天工业学院谢艳华、江苏翔霁建设发展有限公司宫钗编写项目9，广州市建筑工程职业学校柳红燕编写项目10。全书由张淑敏统稿。

本书的编写得到了住房城乡建设部人事司和编写者所在单位的大力支持，在此一并致谢。

由于编者水平有限，加之时间仓促，书中难免存在疏漏和欠妥之处，敬请读者批评指正。

编　者

目录 ◆◆
Contents

项目 1
基础钢筋翻样

项目 1 思维导图

【项目概述】

　　钢筋翻样是指在钢筋加工前，根据图纸详细列出钢筋混凝土结构中钢筋构件的规格、形状、尺寸、数量、重量等内容，以形成钢筋构件配料单，方便钢筋工按配料单进行钢筋构件制作和绑扎安装。

　　正确识读施工图纸是编制配料单的基础，因此，本项目以一个框架结构的独立基础平法施工图为例，从识读施工图纸开始，掌握钢筋混凝土独立基础配筋构造要求，进行独立基础钢筋的下料长度的计算，完成钢筋配料单填写。通过知识拓展的学习，理解条形基础钢筋翻样的方法。

【学习目标】

　　通过本项目的学习，你将能够：

　　（1）理解《混凝土结构施工图平面整体表示方法制图规则和构造详图（独立基础、条形基础、筏形基础、桩基础）》22G101—3平法图集中关于独立基础及条形基础的部分，能熟练识读有关独立基础及条形基础结构施工图纸；

　　（2）理解钢筋混凝土独立基础及条形基础的配筋构造要求；

　　（3）掌握独立基础及条形基础的钢筋翻样方法；

　　（4）计算独立基础及条形基础的钢筋下料长度；

　　（5）正确填写独立基础及条形基础的配料单。

【项目描述】

　　某工程为框架结构，三级抗震，柱下独立基础，基础底面标高为 –1.950m，基础混凝土强度等级为 C30；基础垫层混凝土强度为 C20，厚 100mm，垫层每边宽出基础底边 100mm；基础底板钢筋混凝土保护层厚度为 40mm。框架柱尺寸均为 600mm×600mm，轴线居中。独立基础平法施工图如图 1-1 所示。根据该施工图，计算 DJ_z1 中钢筋的下料长度，并填写钢筋配料单。

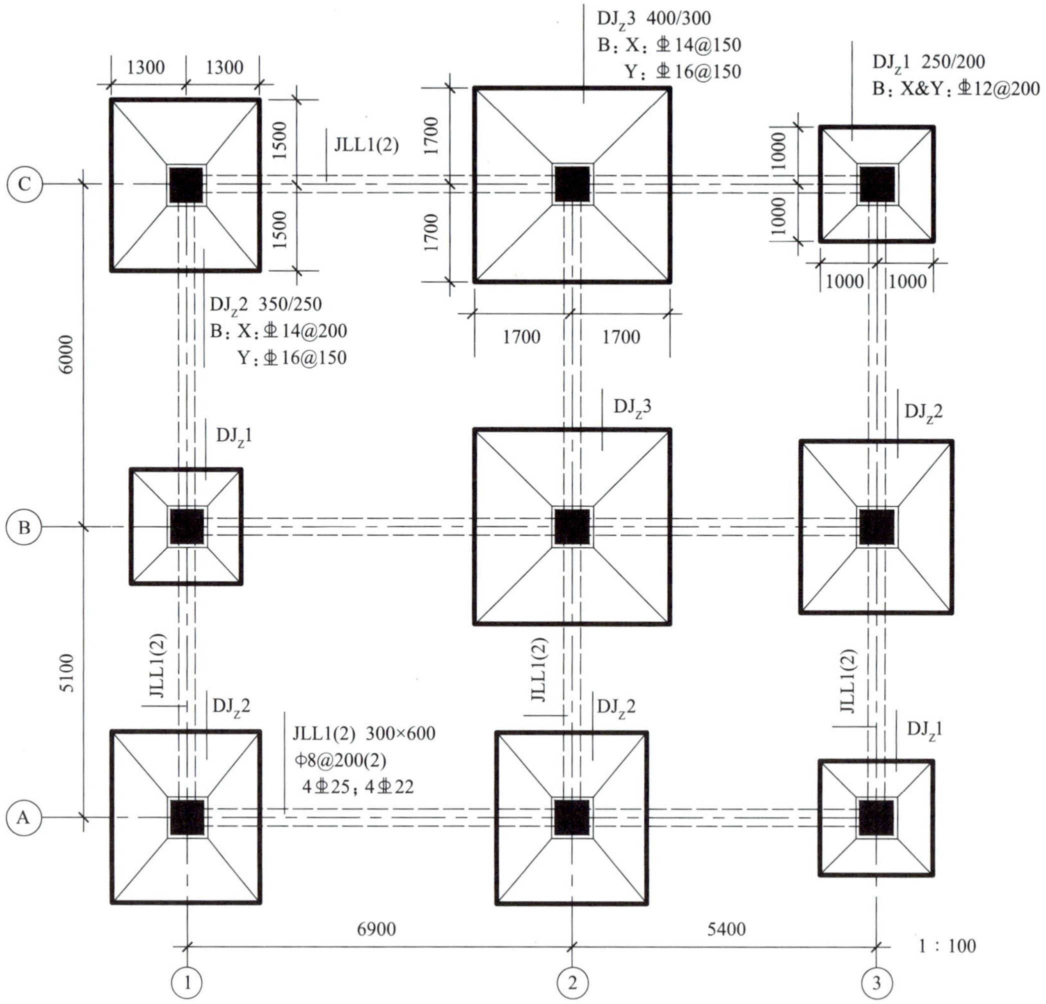

图 1-1　独立基础平法施工图

【学习支持】

（1）《建筑工程施工质量验收统一标准》GB 50300—2013；

（2）《混凝土结构工程施工质量验收规范》GB 50204—2015；

（3）《混凝土结构工程施工规范》GB 50666—2011；

（4）《混凝土结构施工图平面整体表示方法制图规则和构造详图（独立基础、条形基础、筏形基础、桩基础）》22G101—3；

（5）《混凝土结构施工钢筋排布规则与构造详图（独立基础、条形基础、筏形基础、桩基础）》18G901—3。

【项目实施】

1. 识读基础平法施工图

基础平法施工图是在基础结构平面布置图上表示基础的尺寸和配筋。基础平法施工图有平面注写、截面注写和列表注写 3 种表达方式，图 1-1 采用平面注写方式。

平面注写方式是在基础平面布置图上，分别在不同编号的基础中各选一个基础，在其上注写截面尺寸和配筋具体数值，来表达基础平法施工图。

独立基础的平面注写方式分为集中标注和原位标注两部分内容。

（1）独立基础集中标注的具体内容

1）注写独立基础编号（必注内容）

独立基础编号由代号和序号组成。独立基础编号见表 1-1。

独立基础编号　　　　　　　　　　　　　　　　表 1-1

类型	基础底边截面形状	代号	序号
普通独立基础	阶形	DJ_J	××
	锥形	DJ_Z	××
杯口独立基础	阶形	BJ_J	××
	锥形	BJ_Z	××

独立基础类型有普通独立基础和杯口独立基础两种；每种类型的独立基础按基础底板的截面形状不同通常有两种，分别是阶形和锥形，其中：

①阶形截面编号加下标"J"，如 DJ_J××、BJ_J××；

②锥形截面编号加下标"Z"，如 DJ_Z××、BJ_Z××。

如本项目的独立基础为锥形，注写为 DJ_Z1、DJ_Z2、DJ_Z3。

2）注写独立基础截面竖向尺寸（必注内容）

普通独立基础注写为 h_1/h_2……，用"/"分隔多阶和锥形自下而上的高度，如图 1-2（a）所示。当基础为锥形截面时，注写为 h_1/h_2，如图 1-2（b）所示。

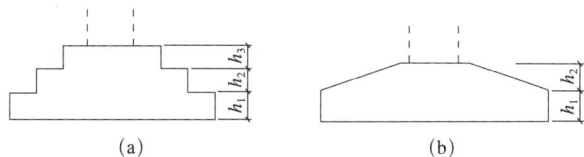

图 1-2　普通独立基础竖向尺寸
（a）阶形；（b）锥形

如本项目中的锥形独立基础 DJ_Z1 的竖向尺寸注写为 250/200 时，表示 $h_1=250mm$，

$h_2 = 200mm$，基础底板总厚度为450mm。

3）注写独立基础配筋（必注内容）

独立基础底板配筋包括钢筋直径、级别、间距。基础底部双向配筋注写规定如下：

①以B代表各种独立基础底板的底部配筋。

②X向配筋以X打头、Y向配筋以Y打头注写；当两向配筋相同时，则以X&Y打头注写。

如本项目的DJ_z1的底板配筋标注为B：X&Y：Φ12@200，表示基础底板底部配置HRB400级钢筋，X向、Y向钢筋直径均为12mm，X向、Y向钢筋间距均为200mm。DJ_z2的底板配筋标注为B：X：Φ14@200，Y：Φ16@150，表示基础底板底部配置HRB400级钢筋，X向钢筋直径为14mm，钢筋间距为200mm；Y向钢筋直径为16mm，钢筋间距为150mm。

4）注写基础底面标高（选注内容）

当独立基础底面标高与基础底面基准标高不同时，应将独立基础底面标高直接注写在"（ ）"内。

如本项目中基础底面基准标高为−1.950m，DJ_z1中未标注基础底面标高，说明其基础底面标高与基础底面基准标高相同。

5）必要的文字注解（选注内容）

当独立基础的设计有特殊要求时，宜增加必要的文字注解。

（2）独立基础原位标注的具体内容

独立基础原位标注是在基础平面布置图上标注独立基础的平面尺寸。对相同编号的基础，可选择一个进行原位标注，其他相同编号者仅注编号。

普通独立基础原位标注x、y、x_i、y_i（$i = 1, 2, 3\cdots\cdots$）。其中，x、y为普通独立基础两向边长，x_i、y_i为阶宽或锥形平面尺寸，如图1-3所示。

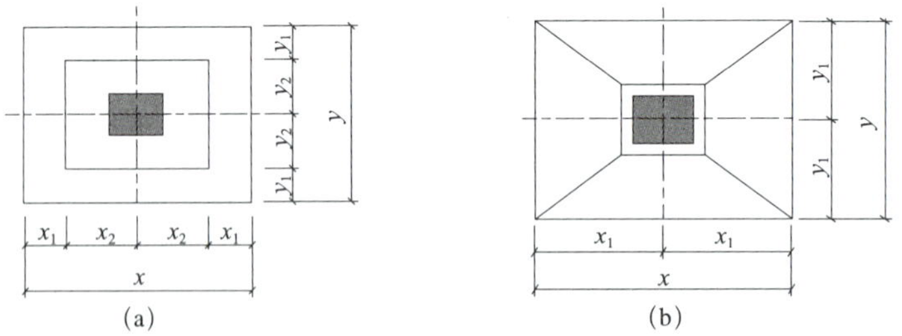

图1-3 普通独立基础原位标注
(a) 对称阶形截面；(b) 对称坡形截面

如本项目的DJ_z1的平面尺寸X、Y均为2000mm。

2.绘制钢筋翻样图

根据项目要求和《混凝土结构施工图平面整体表示方法制图规则和构造详图（独立基础、条形基础、筏形基础、桩基础）》22G101—3及《混凝土结构施工钢筋排布规则与构造详图（独立基础、条形基础、筏形基础、桩基础）》18G901—3的有关要求，得出：

（1）独立基础的保护层厚度为40mm。

（2）独立基础底板钢筋构造

独立基础底板双向交叉钢筋长向设置在下，短向设置在上，详见图1-4。

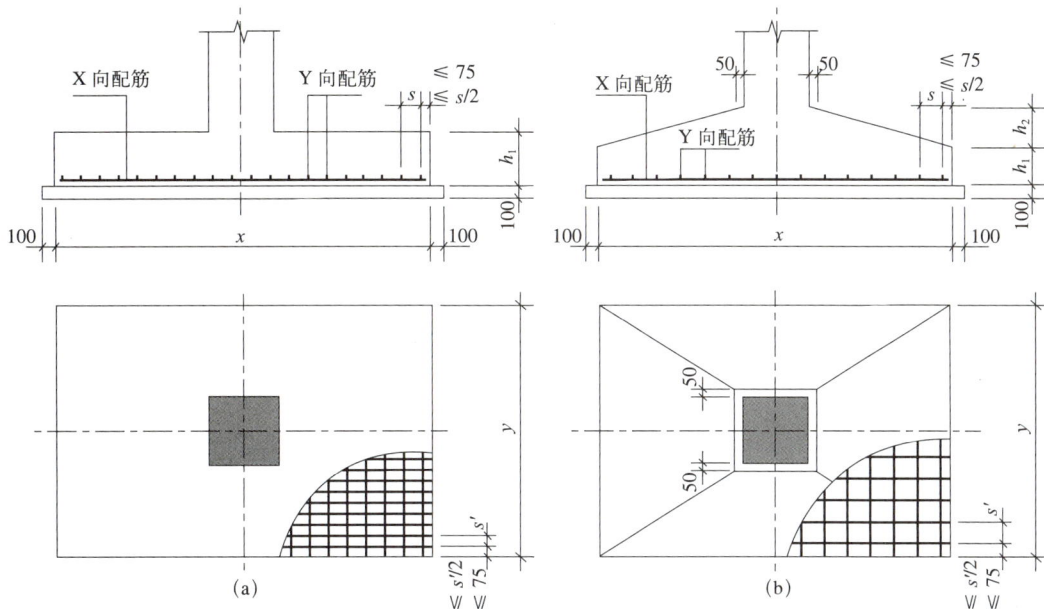

图1-4 独立基础底板配筋构造
(a) 阶形；(b) 锥形

由构造图可知，独立基础底板起步钢筋与基础边缘的距离不大于75mm，且不大于$s/2$（$s'/2$）；坡形独立基础上边缘每边超出柱边50mm。图1-4中s、s'为独立基础底板Y向、X向钢筋间距。

本项目DJ_z1中，X向、Y向底板起步钢筋与基础边缘的距离不大于75mm，且不大于$s/2=200/2=100mm$，故起步钢筋与基础边缘的距离可取75mm；DJ_z2中，X向底板起步钢筋与基础边缘的距离不大于75mm，且不大于$s/2=200/2=100mm$，故起步钢筋与基础边缘的距离可取75mm；Y向底板起步钢筋与基础边缘的距离不大于75mm，且不大于$s/2=150/2=75mm$，故起步钢筋与基础边缘的距离可取75mm。

（3）独立基础底板长度 ≥ 2500mm时钢筋构造

当独立基础底板长度≥2500mm时，除外侧钢筋外，底板配筋长度可取相应方向底板长度的0.9倍，并宜交错布置，如图1-5所示。

本项目中DJ_z2基础底板X向长度为2600mm，Y向长度为3000mm，均大于2500mm，故除外侧钢筋外，底板配筋长度可取底板长度的0.9倍，即X向为0.9×2600=2340mm，Y向为0.9×3000=2700mm，并宜交错布置。

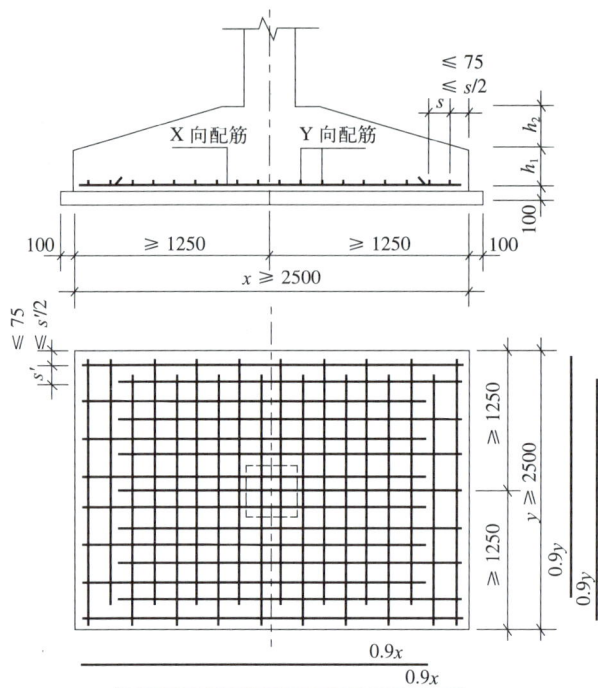

图 1–5　独立基础底板长度≥2500mm 时钢筋构造

（4）绘制钢筋翻样图

对照 DJ$_z$1 独立基础标注与上述构造要求，绘制本项目 DJ$_z$1 钢筋翻样图，并对各种钢筋进行编号，如图 1-6 所示。

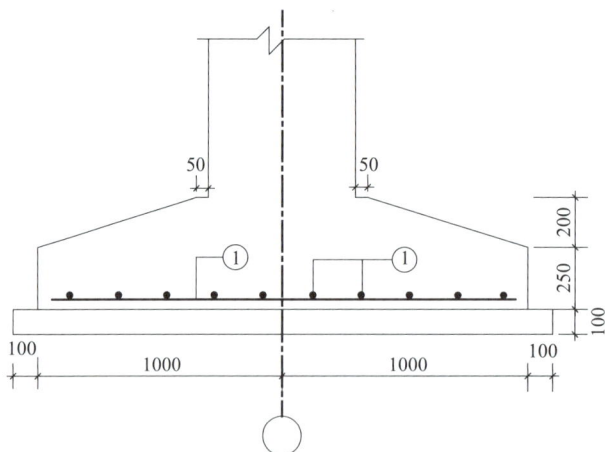

图 1–6　DJ$_z$1 钢筋翻样图

3. 计算钢筋下料长度

下料长度是指钢筋切断时的长度。构件配筋图中注明的尺寸一般是钢筋外轮廓尺寸，即从钢筋外皮到外皮量得的尺寸，称为外包尺寸。在钢筋加工时，一般按外包尺寸进行验收。钢筋加工前直线下料，如果下料长度按钢筋外包尺寸的总和来计算，则加工后的钢筋尺寸将大于设计要求的外包尺寸或者弯钩平直段太长造成材料的浪费。这是由于钢筋弯曲时外皮伸长，内皮缩短，只有中轴线长度不变。钢筋外包尺寸和轴线长度之间存在一个差值，按外包尺寸总和下料是不准确的，只有按钢筋轴线长度尺寸下料加工，才能使加工后的钢筋形状、尺寸符合设计要求。因此，在配料中不能直接根据图纸中尺寸下料；必须了解混凝土保护层、钢筋锚固长度、钢筋弯曲、弯钩等规定，再根据图中尺寸计算其下料长度。

独立基础里的钢筋主要是直钢筋，其钢筋下料长度计算公式如下：

$$直钢筋下料长度 = 构件长度 - 保护层厚度 + 弯钩增加值$$

（1）弯钩增加值

钢筋的弯钩形式有 3 种：半圆弯钩、直弯钩及斜弯钩（图 1-7）。半圆弯钩是最常用的弯钩。直弯钩只用在柱钢筋的下部、箍筋和附加钢筋中。斜弯钩只用在直径较小的钢筋中。

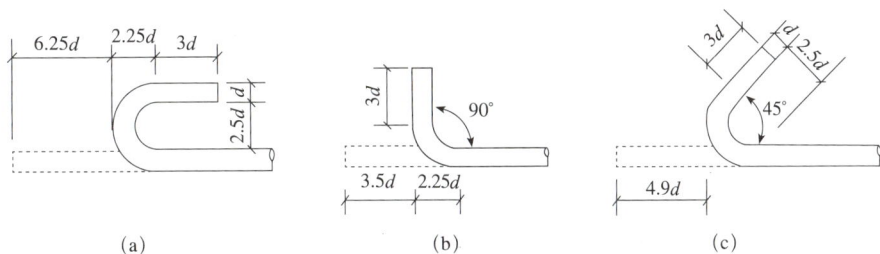

图 1-7 钢筋弯钩计算简图
(a) 半圆弯钩；(b) 直弯钩；(c) 斜弯钩

光圆钢筋的弯钩增加长度，按图 1-7 所示的简图（弯心直径为 $2.5d$、平直部分为 $3d$）计算，即对半圆弯钩为 $6.25d$，对直弯钩为 $3.5d$，对斜弯钩为 $4.9d$。

（2）本项目独立基础钢筋下料长度计算

底板钢筋下料长度 = 构件长度 - 保护层厚度 + 弯钩增加值

钢筋根数 =[构件长度 - $2 \times$ min (75, $s/2$)] / 间距 +1（向上取整）

DJ_P1 独立基础底板钢筋下料长度计算（X 向、Y 向的底板配筋一致，只计算一个方向即可）：

①号钢筋下料长度 $= 2000 - 40 \times 2 = 1920$mm

注：DJ_P1 的钢筋为 HRB400 级钢筋，末端不需要做弯钩，因此，弯钩增加值为 0。

①号钢筋根数 =[构件长度 $-2 \times$ min(75, $s/2$)]/ 间距 +1 =[($2000-2 \times 75$) / $200+1$] $\times 2$=22 根

4. 填写配料单

钢筋配料单是土建钢筋工程施工中创建的表单。钢筋翻样人员根据建筑图纸的设计依据，列出需要的钢筋规格、钢筋形状、下料长度、钢筋根数、钢筋重量等，此表格即钢筋配料单。钢筋配料单是进行钢筋安装、钢筋加工的工作表单，独立基础 DJ_Z1 钢筋

配料单见表 1-2。

DJ$_Z$1 钢筋配料单　　　　　　　　　　　　　　　　　　表 1-2

工程名称：某工程

构件名称（数量）：独立基础（1 个）

构件编号：DJ$_Z$1

钢筋编号	钢筋规格	钢筋简图	下料长度 (mm)	根数 (根)	总长 (m)	每米钢筋重 (kg/m)	总重量 (kg)	备注
①	Φ12	1920	1920	22	42.24	0.888	37.509	

汇总：Φ12：37.509kg

编制人：×××　　　年级专业：×××　　　学号：×××　　　编制日期：××××年××月××日

【知识拓展】

条形基础底板钢筋翻样

某工程柱下条形基础平法施工图如图 1-8 所示，根据该施工图，计算条形基础底板 TJB$_P$01 中钢筋的下料长度，并填写钢筋配料单。基础混凝土强度等级为 C30。基础底板钢筋混凝土保护层厚度 40mm，基础底面标高为 −2.150m，基础垫层混凝土强度等级为 C20，厚 100mm，每边超出基础宽度 100mm。

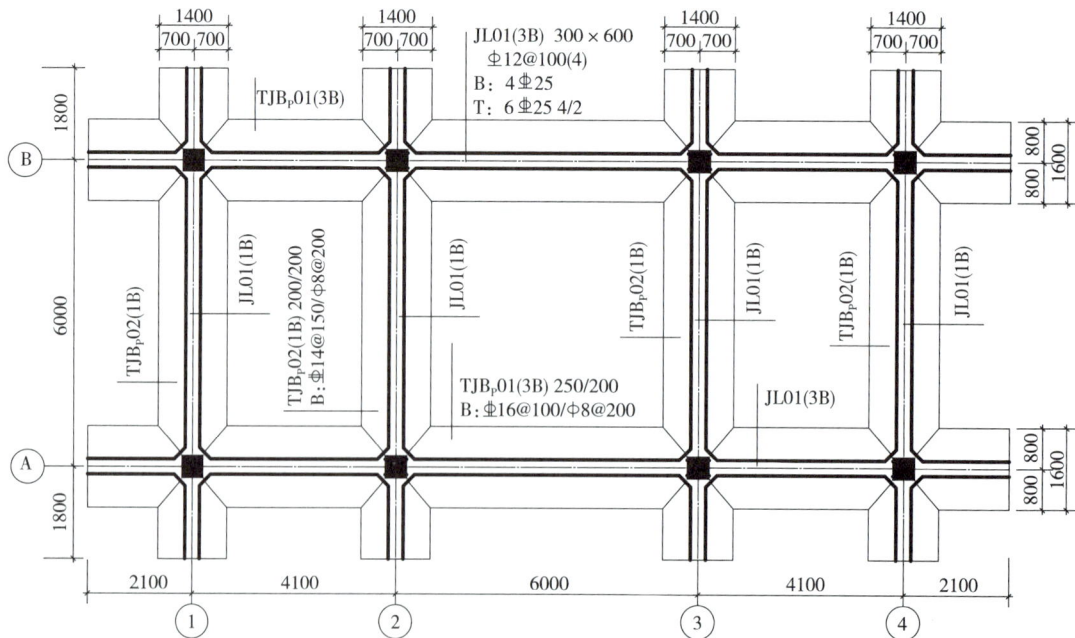

图 1-8　条形基础平法施工图（1：100）

1. 认识条形基础底板配筋的平面注写方式

条形基础分为两类：一是梁板式条形基础，平法施工图将其分为基础梁和条形基础底板分别进行标注；二是板式条形基础，平法施工图仅表达条形基础底板。本项目为梁板式条形基础。

条形基础平法施工图包括平面注写和截面注写两种表达方式。本项目为平面注写方式。

（1）条形基础编号

条形基础编号分为基础梁和条形基础底板编号，见表1-3。

条形基础梁及底板编号 表 1-3

类型		代号	序号	跨数及有无外伸
基础梁		JL	××	（××）端部无外伸
条形基础底板	坡形	TJB$_P$	××	（××A）一端有外伸
	阶形	TJB$_J$	××	（××B）两端有外伸

（2）条形基础底板平面注写分为集中标注和原位标注两部分内容。

1）集中标注

①条形基础底板编号（必注内容）

阶形截面编号为TJB$_J$××（××）；坡形截面编号为TJB$_P$××（××）。

如本项目拓展中TJB$_P$01、TJB$_P$02均为坡形条形基础。

②条形基础底板截面竖向尺寸（必注内容）

注写为h_1/h_2……，用"/"分隔多阶或坡形自下而上的高度，如图1-9所示。

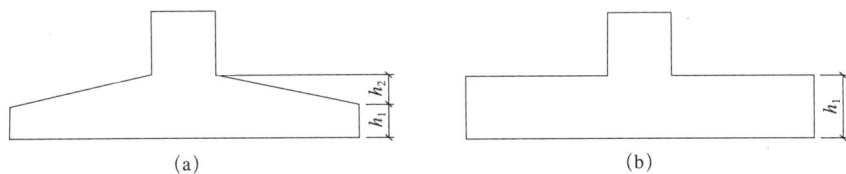

图 1-9 条形基础底板截面竖向尺寸
（a）坡形截面；（b）阶形截面

如本项目拓展中TJB$_P$01的竖向尺寸标注为250/200，表示自下而上h_1=250mm，h_2=200mm。

③条形基础底板底部及顶部配筋（必注内容）

以B打头，注写条形基础底板底部的横向受力钢筋；以T打头注写条形基础底板顶部的横向受力钢筋；注写时，用"/"分隔条形基础底板的横向受力钢筋与纵向分布钢筋。

如本项目拓展中TJB$_P$01基础底板的标注为B：⏀16@100/φ8@200，表示横向受力钢筋为⏀16@100，纵向分布钢筋为φ8@200。

④条形基础底板底面标高（选注内容）

当条形基础底板的底面标高与条形基础底面基准标高不同时，应将条形基础底板底面标高注写在"（ ）"内。

⑤必要的文字注解（选注内容）

当条形基础底板有特殊要求时，应增加必要的文字注解。

2）原位标注

原位标注是在基础平面图上标注条形基础的平面尺寸。

①注写条形基础底板的平面尺寸

原位标注 b、b_i（i = 1，2……），其中 b 为基础底板总宽度，b_i 为基础底板台阶的宽度。当基础底板采用对称于基础梁的坡形截面或单阶形截面时，b_i 可不注，如图 1-10 所示。

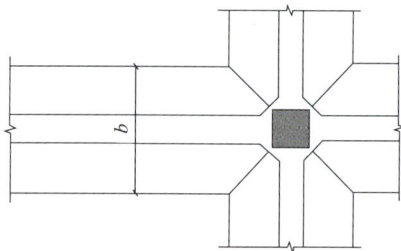

图 1-10 条形基础底板平面尺寸原位标注

如本项目拓展中 TJB$_p$01 基础底板采用对称于基础梁 JL01 的坡形截面，故 800mm 可不注，只标注基础底板总宽度为 1600mm。

②注写修正内容

当条形基础底板集中标注的某项内容（如底板截面竖向尺寸、底板配筋、底板底面标高等）不适用于底板的某跨或某外伸部分时，可将其修正内容原位标注在该跨或该外伸部位，施工时原位标注取值优先。

如本项目拓展中 TJB$_p$01、TJB$_p$02 中均有外伸，但外伸部位未做原位标注，故该基础底板各跨及外伸部位均同集中标注。

2. 认识条形基础底板标准构造

（1）条形基础底板配筋构造（图 1-11）

由构造图可知：

1）主要受力方向的底板受力筋贯通设置，另一方向受力筋在交接处伸入 $b/4$ 范围内布置；

2）主要受力方向的底板分布筋贯通设置，另一方向分布筋与受力筋搭接 150mm；

3）在两向受力筋交界处的网状部位，分布筋与同向受力钢筋的搭接长度为 150mm；

4）直角拐角处，双向受力筋贯通设置，分布筋省略；

5）当条形基础设有基础梁时，基础底板的分布筋在梁宽范围内不设置。

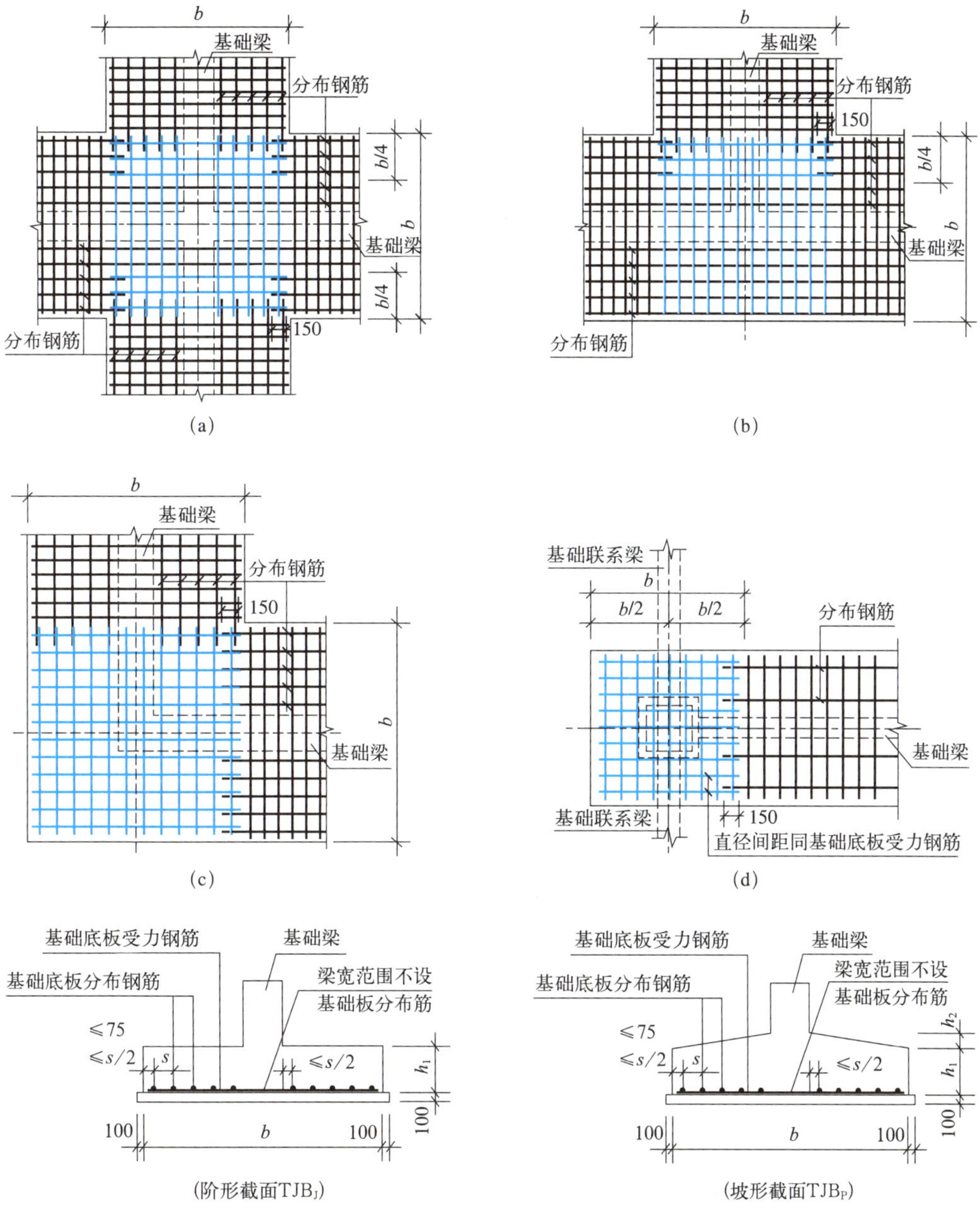

图 1-11　条形基础底板配筋构造

(a) 十字交接基础底板，也可用于转角梁板端部均有纵向延伸；(b) 丁字交接基础底板；
(c) 转角梁板端部无纵向延伸；(d) 条形基础无交接底板端部构造

如本项目拓展中 TJB_P01、TJB_P02 中均设有基础梁，基础梁宽度范围之内不放置纵向分布钢筋。

(2) 条形基础底板长度 $\geqslant 2500mm$ 时的构造（图 1-12）

当条形基础底板宽度 $\geqslant 2500mm$ 时，底板配筋长度可取底板长度的 0.9 倍并宜交错布置。底板交接区的受力钢筋和无交接底板时端部第 1 根箍筋不应减短。

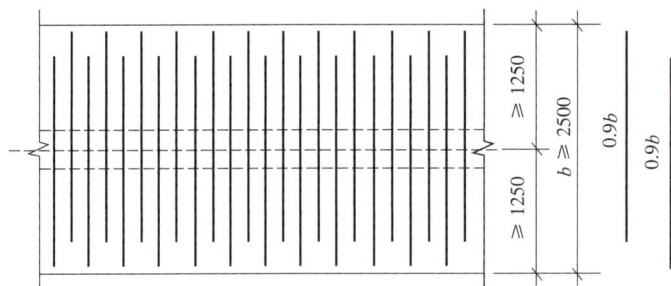

图 1-12 条形基础底板配筋长度减短 10% 构造

如本项目拓展中 TJB$_p$01 的基础底板宽度为 1600mm，TJB$_p$02 的基础底板宽度为 1400mm，均小于 2500mm，故钢筋不用缩短。

【能力测试】

1. 填空题

（1）基础平法施工图的注写方式包括（　）和（　）。

（2）坡形独立基础的代号为（　）；坡形条形基础的代号为（　）。

（3）某独立基础的一个边长为 2800mm，则除外侧钢筋外，底板钢筋配筋长度为（　）mm。

（4）某独立基础竖向尺寸标注为 300/250，则基础高度为（　）mm。

2. 选择题

（1）独立基础编号由类型代号和序号组成，如 DJ$_J$1 表示（　）。

A. 坡形独立基础　　B. 阶形独立基础　　C. 坡形条形基础　　D. 阶形条形基础

（2）某条形基础下设 100m 厚 C15 混凝土垫层，则基础底板钢筋的混凝土保护层厚度为（　）。

A. 30mm　　　B. 40mm　　　C. 60mm　　　D. 70mm

（3）热轧钢筋符号"Φ"对应的是（　）。

A. HPB300　　B. HRB335　　C. HRB400　　D. HRB500

3. 简答题

（1）请说出独立基础底板配筋 B：X&Y：Φ12@150 中各数字符号的含义。

（2）某独立基础底板配筋 B：X Φ16@100；Y Φ14@200，请指出底板钢筋起步距离。

【实践活动】

1. 活动任务

某工程为框架结构，三级抗震，柱下独立基础及柱下条形基础，基础底面标高为 −1.650m，基础混凝土强度等级为 C30；基础垫层混凝土强度等级为 C15，厚 100mm，垫层每边宽出基础底边 100mm；基础底板钢筋混凝土保护层厚度为 40mm。框架柱尺寸均为 500mm×500mm，轴线居中。独立

1. 钢筋配料单空白表格

基础平法施工图如图 1-13 所示。根据该施工图，计算 DJ$_P$01 中钢筋的下料长度，并填写钢筋配料单。

2. 活动组织

项目实施中，对学生进行分组，4～5 人组成 1 个工作小组，组长进行任务分配。各小组制定出实施方案及工作计划，组长协助教师指导本组学生，检查项目进程和质量，制定改进措施，共同完成项目任务。

3. 活动时间

4 学时。

4. 活动工具

图集、规范、计算器、铅笔、三角板。

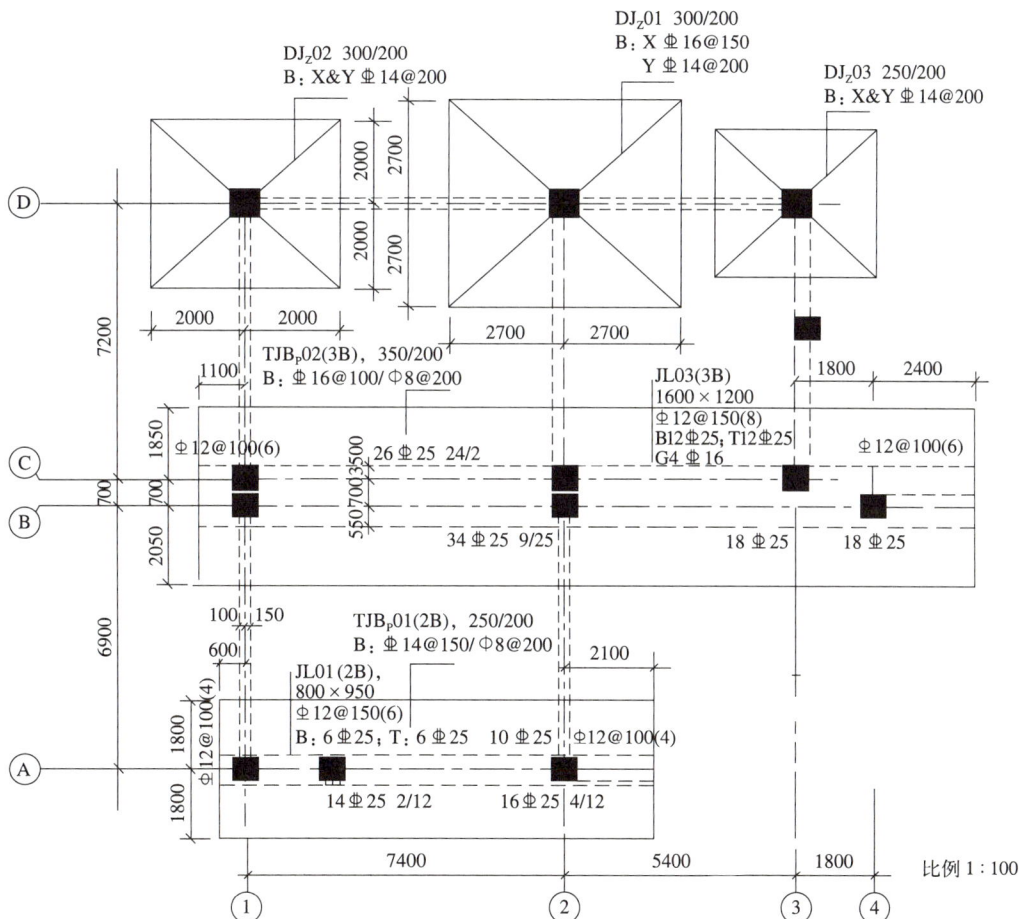

图 1-13　基础平法施工图

5. 活动评价

钢筋配料单填写完成后，对钢筋下料进行质量检验，具体检验方法见表 1-4。

钢筋翻样质量要求及检验方法　　　　　　　　表 1–4

序号	项目	允许偏差	评分标准	检验方法	标准分	得分
1	钢筋的下料长度	按图纸规定	长度错 1 根扣 1 分	查看资料	30	
2	每种钢筋的数量	按图纸规定	每 1 种钢筋数量有错扣 1 分	查看资料	30	
3	钢筋简图、尺寸		错 1 处扣 1 分	查看资料	20	
4	配料单书写		书写不工整扣 2 分	查看资料	10	
5	工效		不能按规定时间完成本项无分，每提前 10 分钟加 1 分，最多加 4 分	计时	10	
6	合计				100	

项目 2
框架柱钢筋翻样

项目 2 思维导图

【项目概述】

按照施工工艺要求，钢筋混凝土框架柱应分层分段进行施工，钢筋下料时，也应满足施工工艺的需要，分层分段进行。钢筋混凝土框架柱钢筋下料一般分为三种情况：柱插筋、中间层柱、顶层柱。

本项目以一个三层框架结构的框架柱平法施工图为例，从识读施工图纸开始，掌握钢筋混凝土框架柱的配筋构造要求，进行框架柱的下料长度的计算，并填写钢筋配料单。

【学习目标】

通过本项目的学习，你将能够：

（1）理解《混凝土结构施工图平面整体表示方法制图规则和构造详图（现浇混凝土框架、剪力墙、梁、板）》22G101—1 平法图集的框架柱部分内容，能熟练识读有关框架柱结构施工图纸；

（2）理解《混凝土结构施工图平面整体表示方法制图规则和构造详图（独立基础、条形基础、筏形基础、桩基础）》22G101—3 平法图集的框架柱插筋部分内容，能掌握框架柱插筋的构造要求；

（3）理解钢筋混凝土框架柱的配筋构造要求；

（4）掌握钢筋混凝土框架柱的钢筋翻样方法；

（5）计算钢筋混凝土框架柱的钢筋下料长度；

（6）正确填写钢筋混凝土框架柱的配料单。

【项目描述】

某三层商店，框架结构，柱下独立基础，三级抗震，基础底面标高 −1.850m，基础采用 C30 混凝土，混凝土保护层厚度 40mm，框架梁、框架柱采用 C25 混凝土，混凝土保护层厚度 30mm。框架柱纵向受力筋用电渣压力焊连接，框架梁高度 500mm，板厚 120mm。框架柱平法施工图如图 2-1 所示，基础结构施工图如图 2-2 所示。根据以上施工图信息，计算 KZ3 中柱钢筋的下料长度，并填写钢筋配料单。

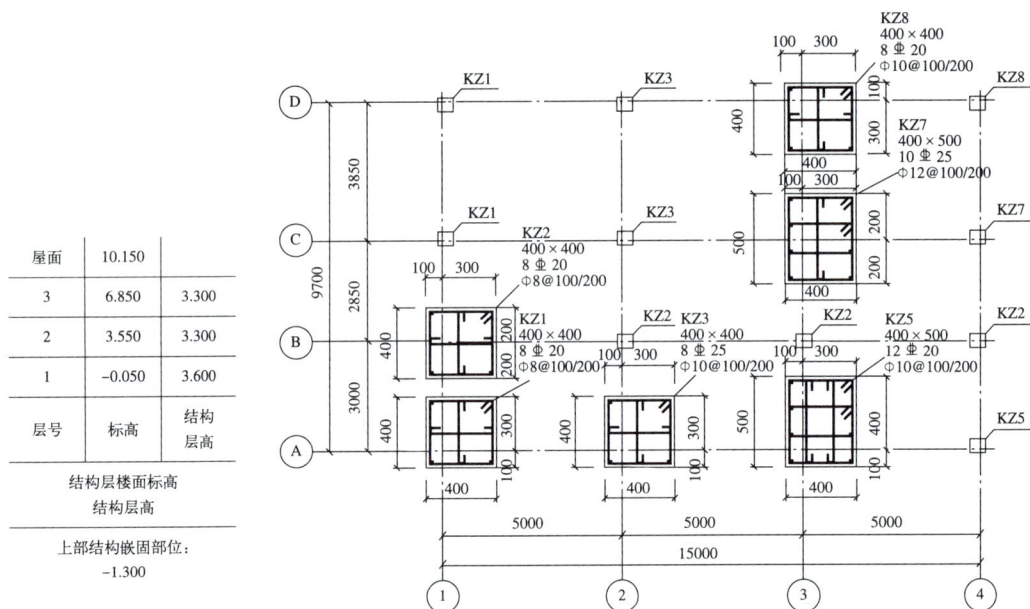

图 2-1　基础顶 ~ 10.150m 框架柱平法施工图

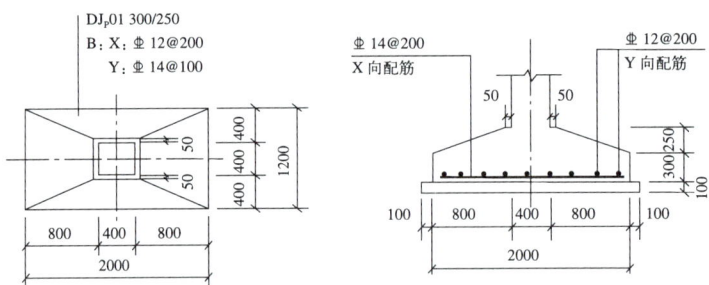

图 2-2　基础结构施工图

【学习支持】

1.《建筑工程施工质量验收统一标准》GB 50300—2013；

2.《混凝土结构工程施工质量验收规范》GB 50204—2015；

3.《混凝土结构工程施工规范》GB 50666—2011；

4.《混凝土结构施工图平面整体表示方法制图规则和构造详图（现浇混凝土框架、剪力墙、梁、板）》22G101—1；

5.《混凝土结构施工图平面整体表示方法制图规则和构造详图（独立基础、条形基

础、筏形基础、桩基础)》22G101—3;

6.《混凝土结构施工钢筋排布规则与构造详图（现浇混凝土框架、剪力墙、梁、板)》18G901—1。

【项目实施】

1. 识读柱平法施工图

柱平法施工图就是在混凝土结构施工图柱平面布置图上表示各构件尺寸和配筋。柱平法施工图采用列表注写方式和截面注写方式。图 2-1 采用截面注写方式。

截面注写方式是在柱平面布置图的柱截面上，分别在同一编号的柱中选择一个截面，以直接注写截面尺寸和配筋具体数值的方式来表达柱平法施工图。

对除芯柱之外的所有柱截面进行编号，从相同编号中的柱中选择一个截面，按另一种比例原位放大绘制柱截面配筋图，并在各配筋图上继其编号后再注写截面尺寸、角筋或全部纵筋、箍筋的具体数值，以及在柱截面配筋图上标注表示柱截面与轴线关系的具体数值。

如图 2-1 中有 3 个 KZ3，选择了Ⓐ×②轴的 KZ3 进行原位放大绘制柱截面配筋图，用这个截面图来表达图上所有 KZ3 的截面尺寸、具体配筋数量。

截面注写内容规定如下：

（1）注写柱编号

柱编号由类型代号和序号组成，柱编号见表 2-1。如本项目的 KZ3 表示框架柱，序号为 3。

柱编号		表 2-1
柱类型	代号	序号
框架柱	KZ	××
转换柱	ZHZ	××
芯柱	XZ	××

（2）注写柱起止标高

注写各段柱的起止标高，自柱根部往上以变截面位置或截面未变但配筋改变处为界分段注写。图 2-1 中，柱的起止标高为基础顶～10.150m。

（3）注写柱截面尺寸及与轴线关系

对于矩形柱，注写柱截面尺寸 $b×h$ 及与轴线关系的几何参数代号 b_1、b_2 和 h_1、h_2 的具体数值，需对应于各段柱分别注写。其中 $b=b_1+b_2$，$h=h_1+h_2$。

如本项目Ⓐ×①轴的 KZ1 的 $b×h$ 为 400×400，其中 b_1、h_1 均为 100mm，b_2、h_2 均为 300mm。

（4）注写柱纵筋

当柱纵筋直径相同时，注写全部纵筋；当纵筋采用两种直径时，需注写角筋，再注写截面各边中部筋的具体数值（对于采用对称配筋的矩形截面柱，可仅在一侧注写中部值，对称边省略不注）。如图 2-1 中，③×Ⓓ的 KZ8 注写全部纵筋。

在截面注写方式中，如柱的分段截面尺寸和配筋均相同，仅截面与轴线的关系不同时，此时应在未画配筋的柱截面上注写该柱截面与轴线关系的具体尺寸。如图 2-1 中，② × Ⓐ 轴处的 KZ3 与 ② × Ⓒ 轴处的 KZ3。

（5）注写柱箍筋类型号及箍筋支数

具体工程设计的各种箍筋类型图及箍筋复合的具体方式，需画在图中的适当位置。如图 2-1 中，KZ3 的箍筋类型为 3 × 3。

（6）注写柱箍筋

柱箍筋包括钢筋级别、直径与间距。当为抗震设计时，用斜线"/"区分柱端箍筋加密区与柱身非加密区长度范围内箍筋的不同间距。如：φ10@100/250，表示箍筋为 HPB300 级钢筋，直径 10mm，加密区间距为 100mm，非加密区间距为 250mm。

当箍筋沿柱全高为一种间距时，则不使用"/"线。如：φ10@100，表示沿柱全高范围内箍筋均为 HPB300 级钢筋，直径 10mm，间距为 100mm。

对照图 2-1 中的 KZ3 的注写方式和上述的注写规定，可知：抗震柱 KZ3 的纵向受力筋为 HRB400 级钢筋，直径 25mm，根数 8 根；箍筋为 HPB300 级钢筋，直径 10mm，加密区间距为 100mm，非加密区间距为 200mm，而且各层柱截面和配筋相同。

2. 绘制钢筋翻样图

根据项目要求和《混凝土结构施工图平面整体表示方法制图规则和构造详图（现浇混凝土框架、剪力墙、梁、板）》22G101—1、《混凝土结构施工图平面整体表示方法制图规则和构造详图（独立基础、条形基础、筏形基础、桩基础）》22G101—3 及《混凝土结构施工钢筋排布规则与构造详图（现浇混凝土框架、剪力墙、梁、板）》18G901—1 的有关要求，可知：

（1）独立基础的混凝土保护层厚度为 40mm，框架柱的混凝土保护层厚度为 30mm。

（2）柱插筋在基础内的排布构造

柱插筋应伸至基础底部并支承在基础底部钢筋网片上，并在基础高度范围内设置间距不大于 500mm 且不小于两道的箍筋（非复合箍），如图 2-3 所示。

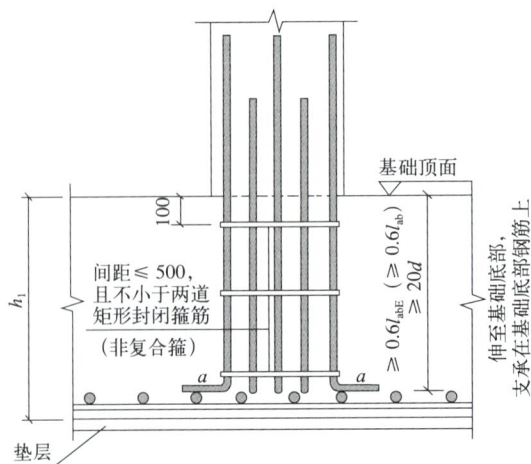

图 2-3　柱插筋在基础中的排布构造

其中：

1）图中基础可以是独立基础、条形基础、基础梁、筏板基础和桩基承台。

2）柱插筋的保护层厚度大于最大钢筋直径的 5 倍。

3）a 为锚固钢筋的弯折长度，当基础高度满足直锚时，图中 $a = 6d$ 且 $\geqslant 150mm$，基础高度不满足直锚时，$a = 15d$。

本项目三级抗震，基础采用 C30 混凝土，柱插筋采用 HRB400 级钢筋，查附录得柱插筋锚固长度 $l_{aE} = 37d = 37 \times 25 = 925mm$

$$柱插筋在基础内的直段长度 = 基础的高度 - 基础保护层厚度 - 基础网片钢筋的直径$$
$$= 550 - 40 - 12 - 14 = 484mm$$

基础插筋在基础内的直段长度 $484mm < l_{aE} = 925mm$

因此，基础高度不满足直锚，$a = 15d = 15 \times 25 = 375mm$。

另外，由图 2-3 的说明"间距 $\leqslant 500mm$，且不小于两道矩形封闭箍筋（非复合箍）"，及本项目基础高度 $h_j = 550mm$，可知 KZ3 在基础内设置两道矩形封闭箍筋。

（3）抗震框架柱纵向钢筋连接位置

钢筋的连接方式有焊接、机械连接、绑扎搭接连接 3 种，框架柱纵向钢筋直径 $d>25mm$ 时，不宜采用绑扎搭接连接。柱纵向钢筋连接接头应相互错开，位于同一连接区段纵向钢筋接头面积百分率不大于 50%。框架柱纵向钢筋应贯穿中间层节点，不应在中间各层节点内截断，钢筋接头应设在节点区以外。抗震框架柱纵向钢筋的连接位置如图 2-4 所示。

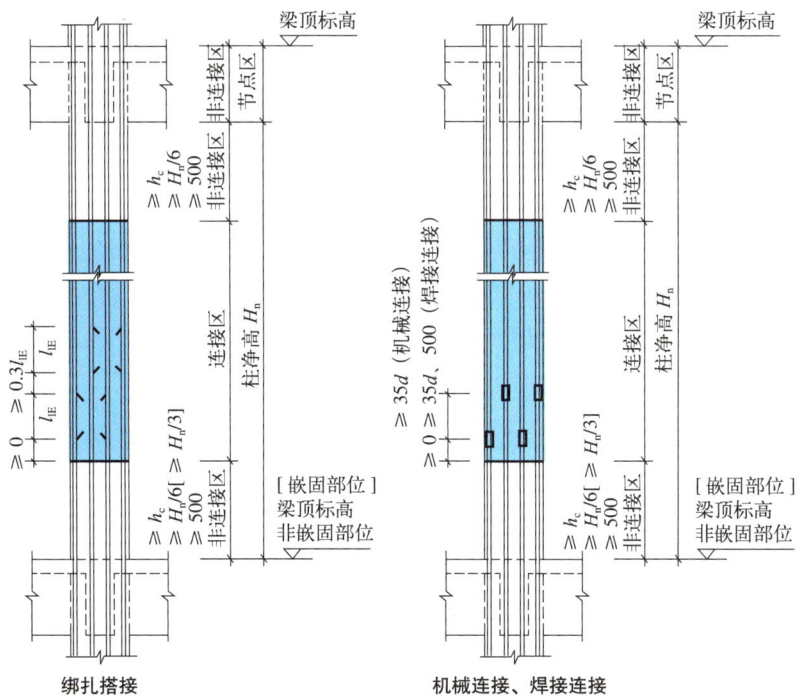

当某层连接区的高度不满足纵筋分两批搭接所需要的高度时，应改用机械连接或焊接连接

图 2-4　抗震框架柱纵向钢筋连接位置

从图 2-4 中可知，对于嵌固部位以上的柱纵筋的接头位置距基础顶面的距离 $\geqslant H_n/3$（H_n 为所在楼层的柱净高）。

本项目抗震框架柱的纵向钢筋的连接方式是电渣压力焊，嵌固部位指的是独立基础顶面，首层柱净高 $H_n =$ 层高 $-$ 梁高 $= 3.550 - (-1.300) - 0.500 = 4.350\text{m}$，因此 $H_n/3 = 4.350/3 = 1.450\text{m}$。

对于其他层的柱纵筋的接头位置距梁顶的距离大于 $\max\{h_c$（h_c 为柱截面长边尺寸），$H_n/6$，$500\text{mm}\}$。

本项目的 $h_c = 400\text{mm}$，$H_n/6 = (3.300 - 0.500)/6 = 467\text{mm}$，因此，其他层的柱纵筋的接头位置距梁顶的距离取 500mm。

采用焊接连接时，柱纵向钢筋连接接头相互错开的距离 $\geqslant 35d$ 且 $\geqslant 500\text{mm}$。

本项目的柱纵向钢筋直径为 25mm，则 $35d = 35 \times 25 = 875\text{mm}$，因此，KZ3 纵向钢筋连接接头相互错开的距离取 875mm。

（4）柱箍筋沿柱纵向排布构造

柱箍筋按布置间距分为加密区箍筋和非加密区箍筋，除具体工程设计标注箍筋全高加密的柱外，柱箍筋加密区范围按图 2-5 设置。

从图 2-5 可知，底层柱根部箍筋加密区范围 $\geqslant H_n/3$，其余部位除梁高范围内必须加密外，在柱两端的加密区范围大于 $\max\{h_c$（h_c 为柱截面长边尺寸），$H_n/6$，$500\text{mm}\}$。

本项目 KZ3 箍筋加密区的范围在独立基础以上 $H_n/3 = 1450\text{mm}$。

首层柱净高 $H_n = 4.350\text{m}$，其他层柱净高 $= 3.300 - 0.500 = 2.800\text{m}$，因此：

首层梁（标高 +3.250m 处的梁）梁底以下柱箍筋加密的范围：

其中，$h_c = 400\text{mm}$，$H_n/6 = 4350/6 = 725\text{mm}$。

经比较首层梁（标高 +3.250m 处的梁）梁底以下箍筋加密的范围取 725mm。

二～三层柱两端柱箍筋加密区范围：

其中，$h_c = 400\text{mm}$，$H_n/6 = 2800/6 = 467\text{mm}$。

二～三层柱两端柱箍筋加密区范围取 500mm。

在进行钢筋下料计算时，不仅要考虑加密区的范围外，还要考虑在箍筋加密区和非加密区分界处设置一道分界箍筋，分界箍筋应按相邻区域配置要求较高的箍筋配置。柱净高范围最下一组箍筋距底部梁顶 50mm，最上一组箍筋距顶部梁底 50mm，节点区最下、最上一组箍筋距节点区梁底、梁顶不大于 50mm，距离节点区梁底梁顶部大于 50mm，当顶层柱顶与梁顶标高相同时，节点区最上一组箍筋距梁顶不大于 150mm，如图 2-6 所示。

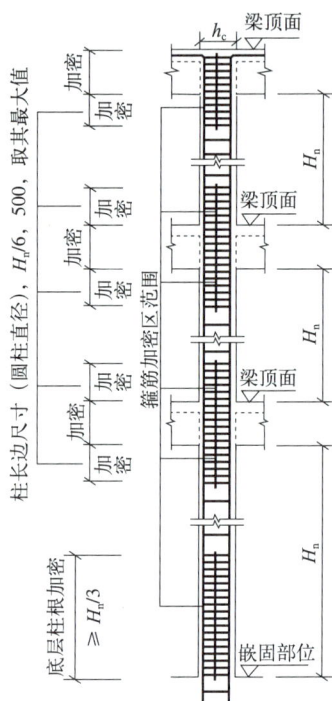

图 2-5　抗震 KZ 箍筋加密区范围

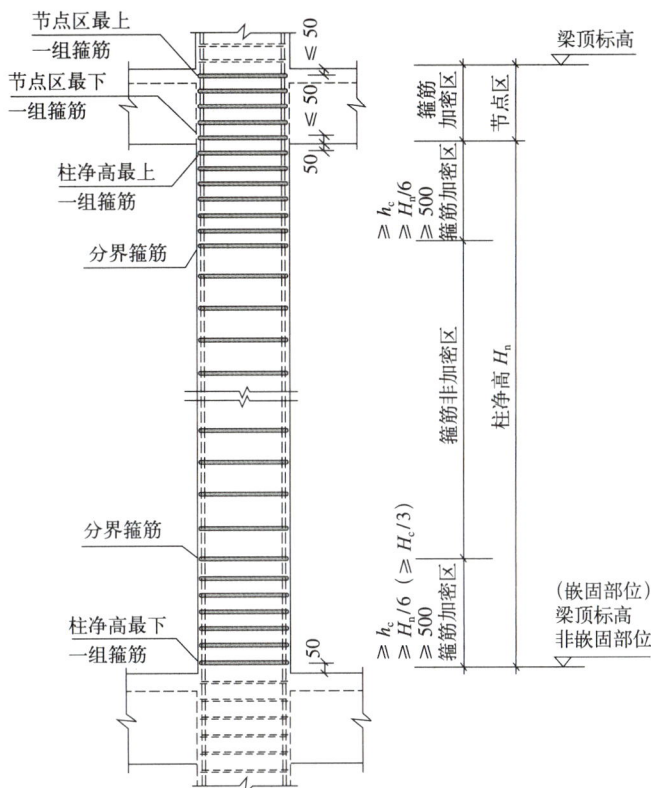

图 2-6　柱箍筋排布构造详图

（5）抗震 KZ 中柱柱顶纵向钢筋构造

当截面尺寸不满足直锚长度 l_{aE} 时，柱纵筋伸至柱顶并弯折，如图 2-7 所示。

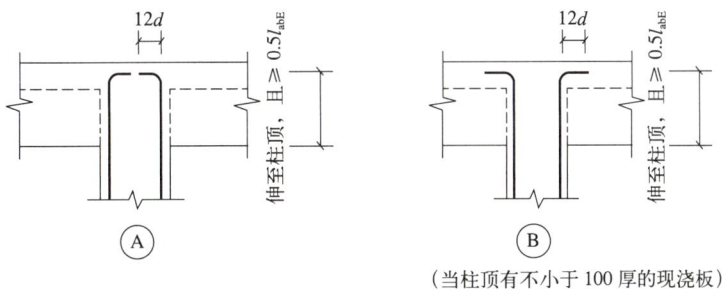

（当柱顶有不小于 100 厚的现浇板）

图 2-7　中柱柱顶纵向钢筋构造

本项目三级抗震，框架梁、框架柱为 C25 混凝土，框架柱采用 HRB400 级钢筋，经查表（附录）$l_{aE}=42d=42\times25=1050\text{mm}$，而梁高为 500mm。因此，柱纵筋伸至柱顶并弯折。

（6）梁、柱、剪力墙箍筋和拉筋弯钩构造

除焊接封闭环式箍筋外，箍筋的末端应做弯钩，弯钩形式应符合设计要求。当设计无具体要求时，应符合下列规定，如图 2-8 所示。

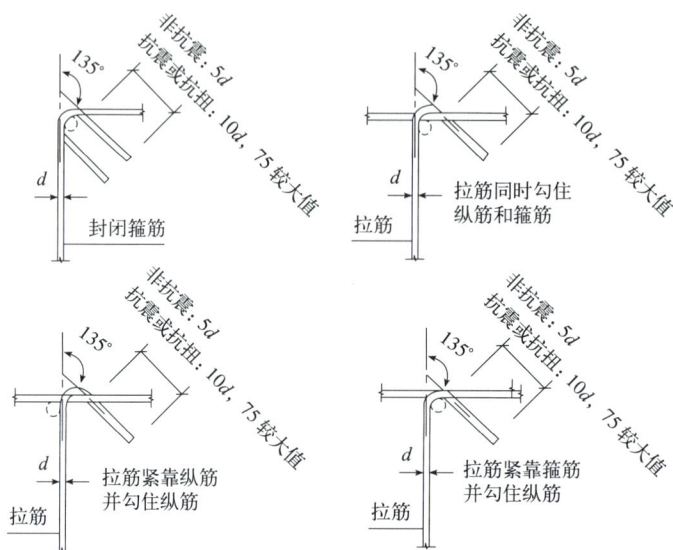

图 2-8　梁、柱、剪力墙箍筋和拉筋弯钩构造

1）箍筋弯钩的弯弧内直径不应小于钢筋直径的 4 倍，尚应不小于纵向受力钢筋直径。

2）箍筋弯钩的弯折角度为 135°。

3）箍筋弯钩弯后平直部分长度：对一般结构，不应小于钢筋直径的 5 倍；对于抗震、抗扭等要求的结构，不应小于箍筋直径的 10 倍和 75mm 的较大值。

4）拉筋弯钩构造要求与箍筋相同。

本项目为三级抗震，因此，箍筋、拉筋弯钩弯后平直部分长度不应小于箍筋直径的 10 倍和 75mm 的较大值。本项目的拉筋选用紧靠箍筋并勾住纵筋的方式。

（7）绘制钢筋翻样图

对照 KZ3 框架柱尺寸与上述构造要求，绘制本项目 KZ3 钢筋翻样图，并对各种钢筋进行编号，如图 2-9 所示。如果工程项目比较大，可以按施工工艺流程分层分段绘制钢筋翻样图。

3. 计算钢筋下料长度

框架柱里面的钢筋主要有直钢筋、弯折钢筋、箍筋等形式，各种钢筋下料长度计算公式如下：

直钢筋下料长度 = 构件长度 − 保护层厚度 + 弯钩增加值

弯折钢筋下料长度 = 构件长度 − 保护层厚度 + 弯折段长度 − 弯曲调整值 + 弯钩增加值

箍筋下料长度 = 箍筋外包尺寸 + 箍筋调整值

或者箍筋下料长度 = 箍筋外包尺寸 − 弯曲调整值 + 弯钩增加值

本项目框架柱箍筋下料长度的计算主要采用第二种方法。

其中，弯钩增加值计算方法和取值详见项目 1。

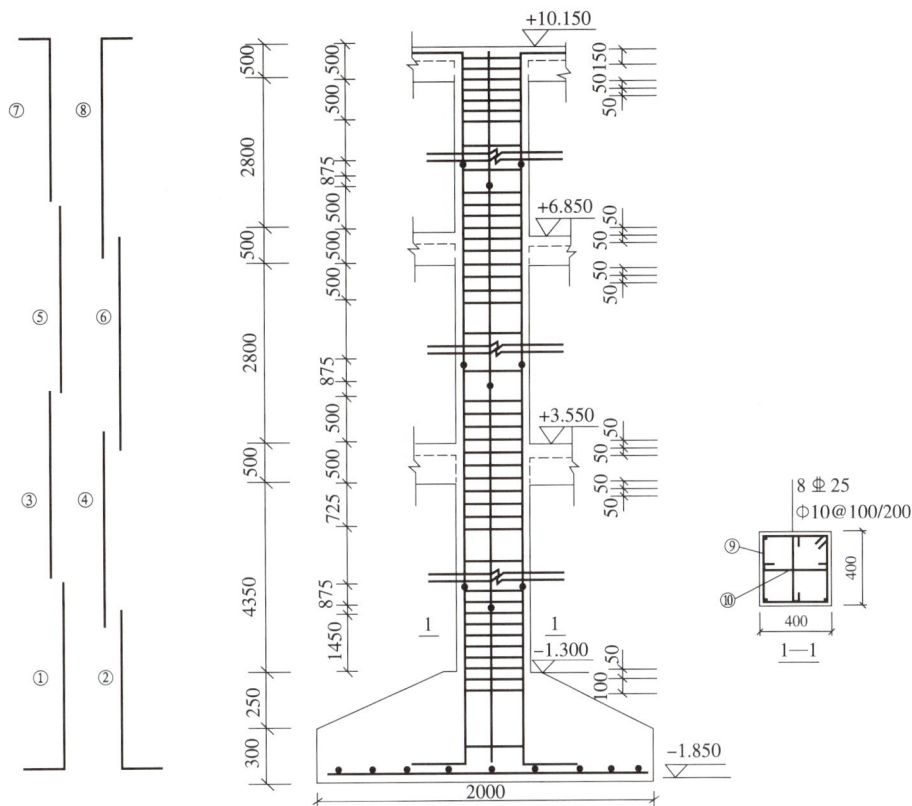

图 2-9　KZ3 钢筋翻样图

（1）弯曲调整值

钢筋弯曲后的特点：一是在弯曲处内皮收缩、外皮延伸、轴线长度不变；二是在弯曲处形成圆弧。

钢筋的量度方法是沿直线量外包尺寸（图 2-10），因此弯起钢筋的量度尺寸大于下料尺寸，两者之间的差值称为弯曲调整值。弯曲调整值，根据理论推算，并结合实践经验，列于表 2-2。

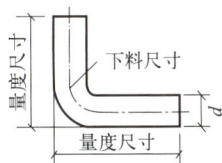

图 2-10　钢筋弯曲时
的量度方法

钢筋弯曲调整值　　　　　　　　　表 2-2

钢筋弯曲角度	30°	45°	60°	90°	135°
钢筋弯曲调整值	0.35d	0.5d	0.85d	2d	2.5d

注：d 为钢筋直径。

（2）箍筋调整值

箍筋下料长度计算时，同样量取外包尺寸，如图 2-11 所示。箍筋调整值，即为弯钩增加值和弯曲调整值两项之差或和。其中箍筋弯曲调整值见表 2-3，箍筋弯钩按 90°、135°两种形式设置，

图 2-11　箍筋量度方法

并且考虑抗震要求，经计算箍筋调整值见表2-3。

箍筋调整值表　　　　　　　　　　　　　　　　　　表2-3

受力钢筋直径（mm）	90°/90°					135°/135°				
	箍筋直径（mm）					箍筋直径（mm）				
	5	6	8	10	12	5	6	8	10	12
≤25	70	80	100	120	140	140	160	200	240	280
>25	80	100	120	140	150	160	180	210	260	300

（3）框架柱钢筋下料长度计算

1）基础施工阶段柱插筋下料长度计算

① ①号柱插筋下料长度计算

柱插筋 = 基础高度 – 基础保护层厚度 – 基础底板双向钢筋直径 + 伸入柱内的钢筋长度 + 在基础内的弯折段长度 – 弯曲调整值 + 弯钩增加值（HPB300级钢筋考虑）

= 550–40–12–14+1450+875（两个接头之间错开的距离）+375–2×25=3134mm

② ②号柱插筋下料长度计算（计算方法同①号筋）

柱插筋 = 550–40–12–14+1450+375–2×25=2259mm

③基础高度范围内的⑨号箍筋下料长度计算

箍筋下料长度 = 箍筋的外包尺寸 – 弯曲调整值 + 弯钩增加值

= 构件截面周长尺寸 – 8c（c为构件混凝土保护层厚度）– 3×2d +

[1.9d + max（10d，75）]×2

= 400×4–8×30–3×2×10+[1.9×10+max（10×10，75）]×2

=1538mm

基础高度范围内的⑨号箍筋根数为2根。注：其中1.9d由图1-7（c）推算而来，后面相同。

④基础高度范围内的⑩号单肢箍（拉筋）下料长度计算

单肢箍（拉筋）下料长度 = 拉筋的外包尺寸 + 弯钩增加值

= 构件宽度尺寸 – 2c（c为构件混凝土保护层厚度）+

[1.9d+max（10d，75）]×2

= 400–30×2+2×11.9×10=578mm

基础高度范围内的⑩号单肢箍根数 =0（基础内为非复合箍）。

2）首层框架柱钢筋下料长度计算

① ③号柱纵向受力钢筋下料长度计算

KZ首层（中间层）的纵向钢筋下料长度 = 层高 – 当前层伸出楼地面的高度 + 上一层伸出楼地面的高度 = 4850–（1450+875）+（500+875）=3900mm

② ④号柱纵向受力钢筋下料长度计算（计算方法同③号筋）= 4850–1450+500=3900mm

③首层⑨号箍筋下料长度计算为1538mm。

首层⑨号箍筋根数为（考虑到加密区和非加密区设置分界筋的要求，每一段的计算结果有小数时都需向上取整）：

该层柱箍筋根数 = 柱下部加密区的长度 / 加密区间距 + 柱中间非加密区的长度 / 非密区间距 + 柱上部加密区的长度 / 加密区间距 +1+ 梁高度范围内（加密区）布置箍筋的长度 / 加密区间距 +1

= (1450−50)/100（取 14 根）+(4850−1450−725−500)/200（取 11 根）+1+(725−50)/100（取 7 根）+(500−50×2)/100+1=38 根

④首层⑩号单肢箍（拉筋）下料长度计算为 578mm。

首层⑩单肢箍（拉筋）根数为（计算方法同该层箍筋）= [(1450−50)/100 + (4850−1450−725−500)/200+(725−50)/100 + (500−50×2)/100+2]×2=76 根

3）二层框架柱钢筋下料长度计算

① ⑤号柱纵向受力钢筋下料长度 =3300−500−875+500+875=3300mm

② ⑥号柱纵向受力钢筋下料长度 =3300−500+500=3300mm

③二层⑨号箍筋下料长度计算为 1540mm。

二层⑨号箍筋根数（每一段的计算结果有小数时都需向上取整）= (500−50)/100（取 5 根）+ (3300−500×3)/200+(500−50)/100（取 5 根）+(500−50×2)/100+2=25 根

④二层⑩号单肢箍（拉筋）下料长度计算为 578mm。

二层⑩号单肢箍（拉筋）根数（每一段的计算结果有小数时都需向上取整 = [(500−50)/100（取 5 根）+ (3300−500×3)/200+(500−50)/100（取 5 根）+(500−50×2)/100+2]×2=50 根

4）三层（顶层）框架柱钢筋下料长度计算

中柱顶层纵筋下料长度 = 该层净高 H_n − 当前层伸出楼地面的高度 + 顶层钢筋锚固值 − 弯曲调整值，那么中柱顶层钢筋锚固值是如何考虑的呢？

中柱顶层纵筋的锚固长度：弯锚（≤ l_{aE}）：锚固长度 = 梁高 − 保护层 +12d

直锚（≥ l_{aE}）：锚固长度 = 梁高 − 保护层

本项目柱顶层纵筋采用弯锚，因此：

① ⑦号柱纵向受力钢筋下料长度 =（3300−500）−（500+875）（当前层钢筋伸出楼地面的高度）+500（梁高）−30（保护层）+12×25−2×25（弯曲调整值）=2145mm

② ⑧号柱纵向受力钢筋下料长度 =（3300−500）−500（当前层钢筋伸出楼地面的高度）+500（梁高）−30（保护层）+12×25−2×25（弯曲调整值）=3020mm

③顶层⑨号箍筋下料长度计算为 1538mm。

顶层⑨号箍筋根数 = (500−50)/100 + (3300−500×3)/200 + (500−50)/100 + (500−50−150)/100+2=24 根

④顶层⑩号单肢箍（拉筋）下料长度计算为 578mm。

顶层⑩号单肢箍（拉筋）根数 = [(500−50)/100 + (3300−500×3)/200 + (500−50)/100 + (500−50−150)/100+2]×2=48 根

注：在进行框架柱箍筋根数计算时，要考虑加密区与非加密区的分界筋。

4. 填写配料单

根据所计算的钢筋下料长度和识图结果，填写框架柱 KZ3 钢筋配料单，见表 2-4。

KZ3 钢筋配料单　　　　　　　　　　　　　　　　　　　　表 2-4

工程名称：某工程

构件名称（数量）：框架柱（1 根）

构件编号：KZ3

钢筋编号	钢筋规格	钢筋简图	下料长度(mm)	根数(根)	总长(m)	每米钢筋重(kg/m)	总重量(kg)	备注
①	Φ25	2809　375	3134	4	12.536	3.85	48.264	
②	Φ25	1934　375	2259	4	9.036	3.85	34.789	
③	Φ25	3900	3900	4	15.600	3.85	60.06	
④	Φ25	3900	3900	4	15.600	3.85	60.06	
⑤	Φ25	3300	3300	4	13.200	3.85	50.82	
⑥	Φ25	3300	3300	4	13.200	3.85	50.82	
⑦	Φ25	1895　300	2145	4	8.580	3.85	33.033	
⑧₁	Φ25	2770　300	3020	4	12.080	3.85	46.508	
⑨₂	φ10	340　340	1538	89	136.882	0.617	84.456	合计数
⑩₃	φ10	340	578	174	100.572	0.617	62.053	合计数

汇总：φ10：146.509kg　　Φ25：384.354kg

编制人：×××　　　年级专业：×××　　　学号：×××　　　编制日期：××××年××月××日

【知识拓展】

抗震 KZ 边柱和角柱纵向钢筋翻样

抗震 KZ 边柱和角柱与抗震 KZ 中柱在柱底、柱中的构造相同，但是柱顶的构造不同，因此，在进行钢筋翻样时，柱底、柱中的柱钢筋按前面项目所示方法计算，柱顶设计有要求时按设计，无要求时按图 2-12 构造要求计算。

其中：

（1）KZ 边柱和角柱梁宽范围外节点外侧柱纵向钢筋构造应与梁宽范围内节点外侧和梁端顶部弯折搭接构造配合使用。

（2）梁宽范围内 KZ 边柱和角柱柱顶纵向钢筋伸入梁内的柱外侧纵筋不宜少于柱外

侧全部纵筋面积的 65%。

（3）节点纵向钢筋弯折要求和角部附加钢筋要求见图集 22G101-1 第 2 ～ 15 页。

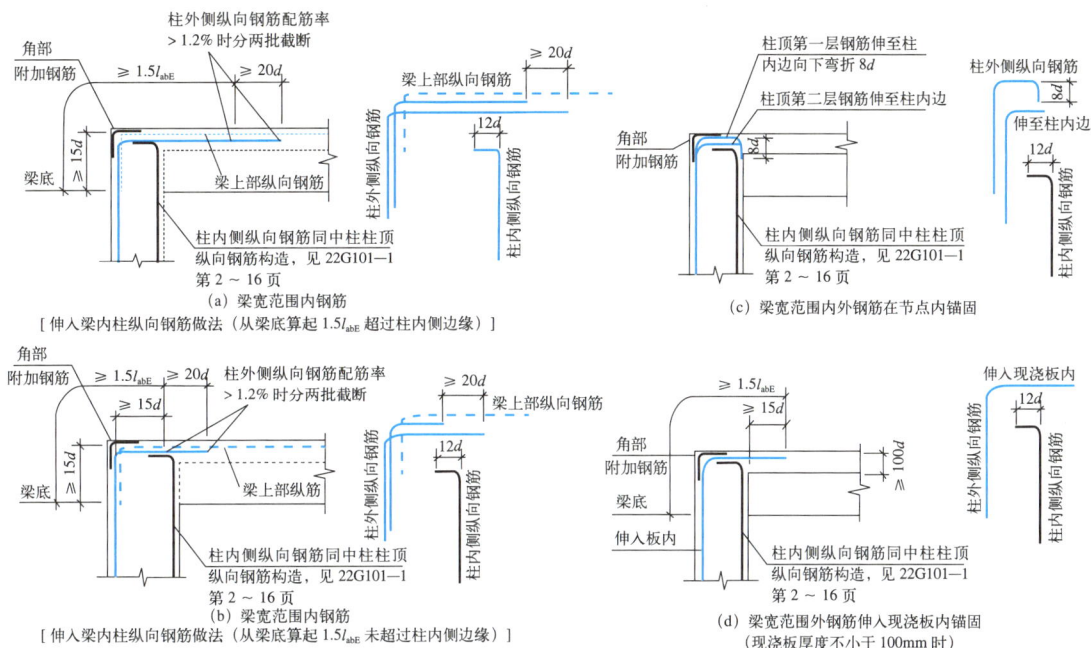

图 2-12　柱外侧纵向钢筋和梁上部纵向钢筋在节点外侧弯折搭接构造

【能力测试】

1. 填空题

（1）柱平法施工图的注写方式包括（　）和（　）。

（2）某工程柱纵向钢筋采用焊接连接，钢筋直径为 22mm，则钢筋接头相互错开的距离为（　）mm。

（3）某工程框架柱的截面尺寸为 500mm×500mm，二层柱净高 4800mm，除梁高范围内必须加密外，在柱两端的加密区范围为（　）mm。

（4）某框架柱的纵向受力筋为 HPB300 级钢筋，直径为 20mm，则钢筋的弯钩增加长度为（　）mm。

2. 选择题

（1）柱编号由类型代号和序号组成，如 KZ5 表示（　），编号 5。

A. 框架柱　　　B. 框支柱　　　C. 梁上柱　　　D. 剪力墙柱

（2）某工程的独立基础高 1000m，在基础高度范围内至少设置（　）道箍筋。

A. 2　　　　　B. 3　　　　　C. 4　　　　　D. 5

（3）基础高度范围内的柱箍筋应该为（　）。

A. 单肢箍　　　B. 复合箍　　　C. 非复合箍　　　D. 无要求

（4）如果箍筋直径为6mm，对于抗震、抗扭等要求的框架柱箍筋弯钩弯后平直部分长度为（　）mm。

A. 60　　　　　B. 70　　　　　C.75　　　　　D.100

3. 简答题

（1）请说出柱箍筋 φ8@100/200 中各数字符号的含义。

（2）什么是弯曲调整值？

【实践活动】

1. 活动任务

某二层框架结构，柱下独立基础，基础底面标高 –1.550m，三级抗震，基础为 C40 混凝土，混凝土保护层厚度40mm，框架梁、框架柱采用 C30 混凝土，混凝土保护层厚度 25mm。框架柱纵向受力筋用电渣压力焊连接。框架柱平法施工图如图 2-13 所示，基础结构施工图如图 2-2 所示，柱上框架梁高度500mm，板厚100mm。根据该施工图，计算 KZ2 中柱钢筋的下料长度，并填写钢筋配料单。

屋面	7.450	
2	3.850	3.600
1	–0.050	3.900
层号	标高	结构层高

结构层楼面标高
结构层高

上部结构嵌固部位
–1.300

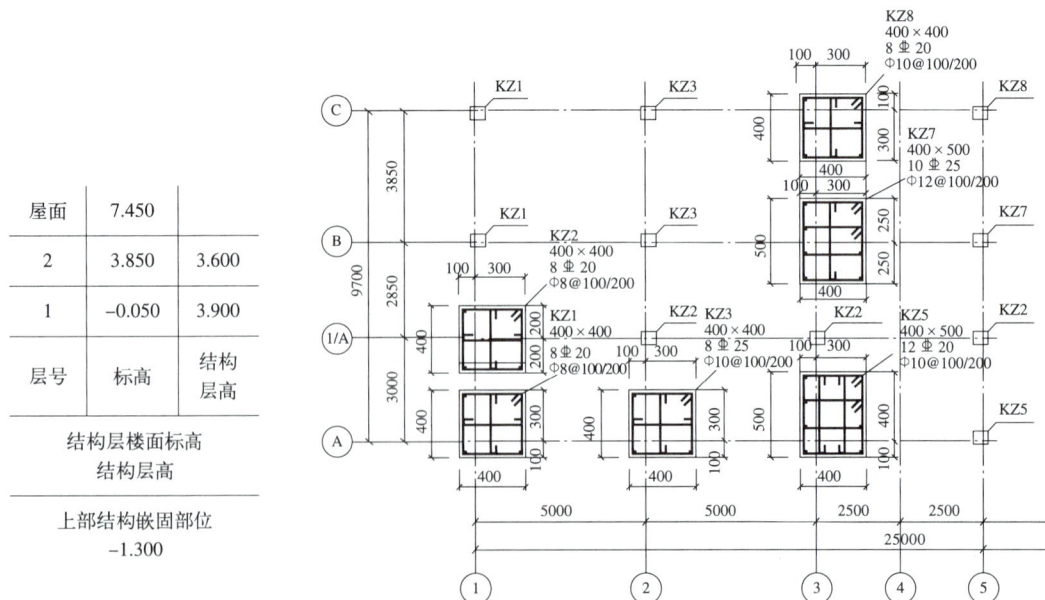

图 2-13　框架柱平法施工图

2.活动组织

项目实施中，4～5人组成1个工作小组，组长进行任务分配。各小组制定出实施方案及工作计划，组长协助教师指导本组学生，检查项目进程和质量，制定改进措施，共同完成项目任务。

3.活动时间

4学时。

4.活动工具

图集、规范、计算器、铅笔、三角板。

5.活动评价

钢筋配料单填写完成后，对钢筋的下料进行质量检验，具体检验方法见表2-5。

钢筋翻样质量要求及检验方法   表2-5

序号	项目	允许偏差	评分标准（分值待定）	检验方法	标准分	得分
1	钢筋的下料长度	按图纸规定	长度错1根扣1分	查看资料	30	
2	每种钢筋的数量	按图纸规定	每1种钢筋数量有错扣1分	查看资料	30	
3	钢筋简图、尺寸		错1处扣1分	查看资料	20	
4	配料单书写		书写不工整扣2分	查看资料	10	
5	工效		不能按规定时间完成本项无分，每提前10分钟加1分，最多加4分	计时	10	
6	合计				100	

项目 3
框架梁钢筋翻样

项目 3 思维导图

【项目概述】

　　钢筋混凝土框架梁钢筋下料一般分为：梁上部钢筋、梁下部钢筋、梁侧构造钢筋（或扭筋）、箍筋和拉筋、附加箍筋和附加吊筋等部分。

　　正确识读施工图纸、熟练地应用 22G101—1 图集，是编制配料单的基础。本项目以一个六层框架结构的二层梁平法施工图的局部为例，从熟读梁平法施工图开始，熟练地应用 22G101—1 图集，进行框架梁钢筋下料长度的计算，并完成钢筋配料单填写。

【学习目标】

　　通过本项目的学习，你将能够：

　　(1) 熟练识读框架梁施工图；

　　(2) 熟练应用《混凝土结构施工图平面整体表示方法制图规则和构造详图（现浇混凝土框架、剪力墙、梁、板）》22G101—1 平法图集；

　　(3) 准确计算钢筋混凝土框架梁的钢筋下料长度；

　　(4) 正确制作钢筋混凝土框架梁加工配料单。

【项目描述】

　　某学校六层教学楼，框架结构，抗震等级为三级抗震，工程设计使用年限为 50 年。基础及梁板柱楼梯的混凝土强度等级均为 C30。框架梁纵向受力筋直径 ≥ 16mm 时，采用机械连接，其他采用绑扎搭接接头百分率为 50%。二层框架梁平法施工图如图 3-1 所示，框架梁支座柱的平法施工图如图 3-2 所示，请根据以上施工图信息，计算 KL219 的钢筋下料长度，并编制钢筋配料单。

附设计说明：

（1）未注明的梁顶标高均为 3.550m。一类环境，混凝土保护层厚度为 20mm。

（2）未注明的梁轴线居中。

（3）主次梁相交处在主梁上次梁的两侧分别设置 3 根附加箍筋，附加箍筋同主梁箍筋。如附加箍筋不够需增设附加吊筋，附加吊筋见原位标注。

（4）未注明的附加吊筋均采用 2 根 HRB400 直径 16mm 的钢筋。

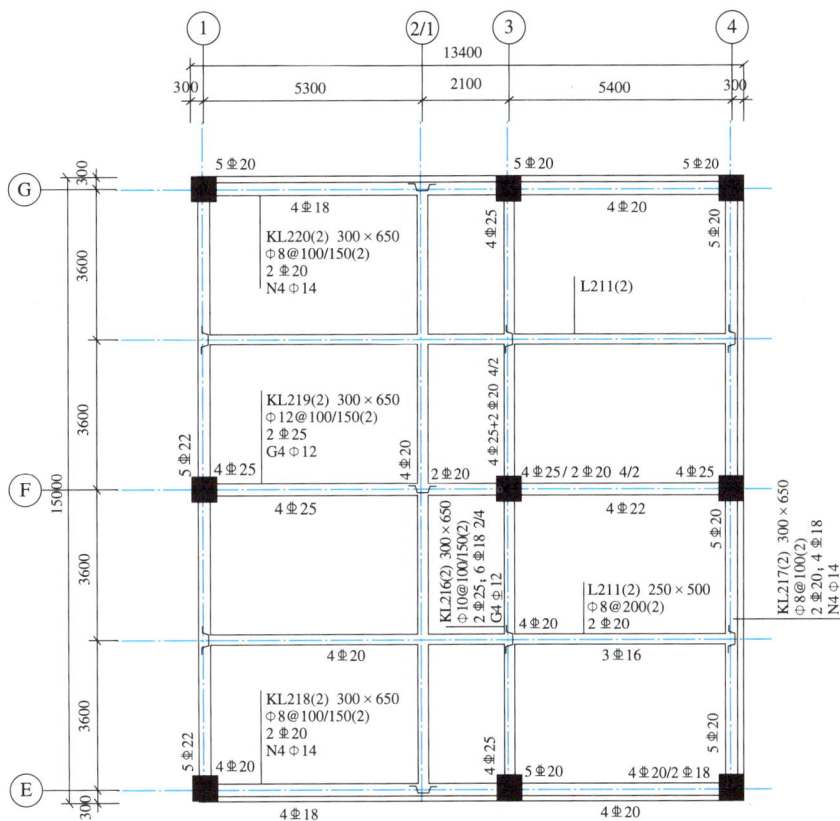

图 3-1 某学校教学楼二层平法施工图（局部）

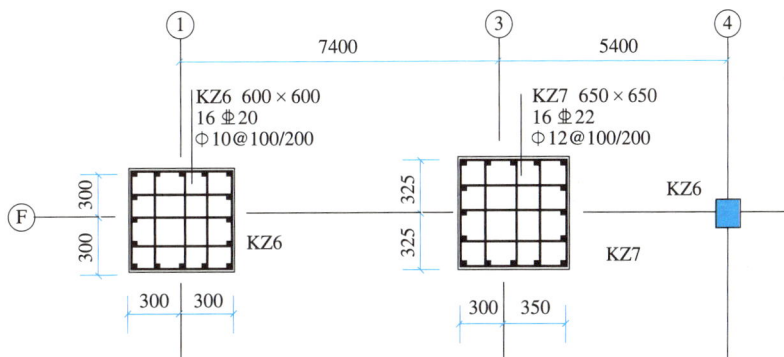

图 3-2 基础顶 ~ 3.550m 柱段的柱平法施工图

【学习支持】

(1)《建筑工程施工质量验收统一标准》GB 50300—2013;

(2)《混凝土结构工程施工质量验收规范》GB 50204—2015;

(3)《混凝土结构工程施工规范》GB 50666—2011;

(4)《混凝土结构施工图平面整体表示方法制图规则和构造详图（现浇混凝土框架、剪力墙、梁、板)》22G101—1;

(5)《混凝土结构施工钢筋排布规则与构造详图（现浇混凝土框架、剪力墙、梁、板)》18G901—1。

【项目实施】

1. 识读梁平法施工图

梁平法施工图是在梁平面布置图上采用平面注写方式或截面注写方式表达。

（1）平面注写方式

平面注写方式是在梁的平面布置图上，分别在不同编号的梁中各选出一根，在其上注写截面尺寸和配筋具体数值的方式来表达梁平法施工图。

平面注写方式包括集中标注和原位标注（图3-3），集中标注表达梁的通用数值，原位标注则表达梁的特殊数值。在施工时，原位标注优先取值。

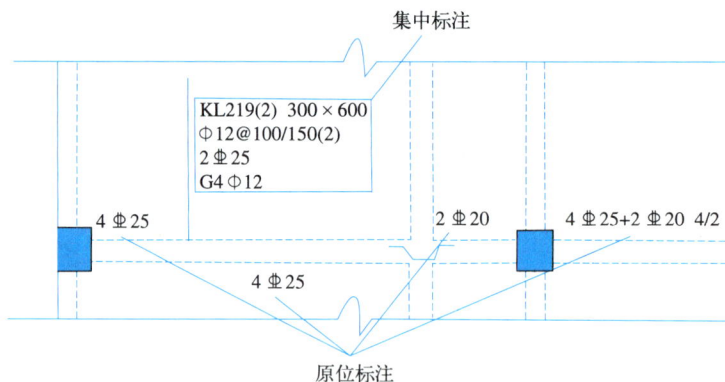

图3-3　梁的集中标注和原位标注

1）梁集中标注

梁集中标注的内容有：梁编号、梁截面尺寸、梁箍筋、梁上部通长筋或架立筋、梁侧面构造钢筋或受扭钢筋、梁顶标高差等。

①梁编号（必注值）

梁的编号由梁的类型代号、序号、跨数及有无悬挑组成，见表3-1。

梁编号 表 3–1

梁类型	代号	序号	跨数及是否悬挑
楼层框架梁	KL	××	(××)、(××A)、(××B)
楼层框架扁梁	KBL	××	(××)、(××A)、(××B)
屋面框架梁	WKL	××	(××)、(××A)、(××B)
框支梁	KZL	××	(××)、(××A)、(××B)
托柱转换梁	TZL	××	(××)、(××A)、(××B)
非框架梁	L	××	(××)、(××A)、(××B)
悬挑梁	XL	××	(××)、(××A)、(××B)
井字梁	JZL	××	(××)、(××A)、(××B)

注：1.（××A）为一端有悬挑，（××B）为两端有悬挑，悬挑不计入跨数；

2. 楼层框架扁梁节点核心区代号 KBH；

3. 图集 22G101—1 中非框架梁 L、井字梁 JZL 表示端支座为铰接，当非框架梁 L 井字梁 JZL 端支座上部纵筋利用钢筋的抗拉强度时，在梁代号后加"g"。

本项目中 KL219（2）：表示 219 号框架梁，2 跨。

②梁截面尺寸（必注值）

a. 当为等截面梁时，用 $b \times h$ 表示。

本项目中 KL219（2）300×650：表示 219 号框架梁，2 跨，截面宽度为 300mm，截面高度为 650mm。

b. 当为竖向加腋梁时，用 $b \times h \, Y c_1 \times c_2$ 表示，其中 c_1 为腋长，c_2 为腋高。如为水平加腋梁，则用 $b \times h P Y c_1 \times c_2$ 表示，其中 c_1 为腋长，c_2 为腋宽。

例如 300×700 Y 500×250：表示梁宽 300mm，梁高 700mm，竖向加腋尺寸：腋长 500mm，腋高 250mm。

c. 当悬挑梁采用变截面高度时，用"/"分隔根部与端部的高度值，即为 $b \times h_1/h_2$。

例如 300×700/500：表示梁宽 300mm，悬挑梁根部截面高度为 700mm，悬挑梁端部高度为 500mm。

③梁箍筋（必注值）

梁箍筋表示包括钢筋种类、直径、加密区与非加密区间距及箍筋肢数（梁箍筋肢数如图 3-4 所示）。箍筋加密区和非加密区间距和肢数不同时用"/"分隔。

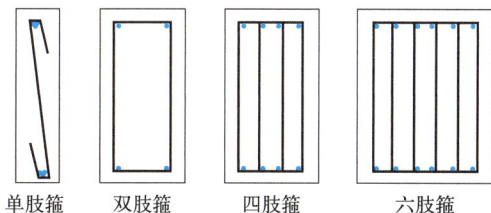

单肢箍　　双肢箍　　四肢箍　　六肢箍

图 3–4　箍筋的肢数

本项目中 KL219 的箍筋 φ12@100/150（2）表示箍筋为 HPB300 级钢筋，直径

12mm，加密区间距为100mm，非加密区间距为150mm的双肢箍。

④梁上部通长筋或架立筋（必注值）

a. 当同排纵筋既有通长筋又有架立筋时，应用"+"将通长筋和架立筋相连。注写时需将角部纵筋写在"+"前面，架立筋写在"+"后面的括号内。当全部采用架立筋时，则将其写在括号内。

例如2$\underline{\Phi}$22用于双肢箍；2$\underline{\Phi}$22+（2ϕ12）用于4肢箍，其中2$\underline{\Phi}$22为通长筋，2ϕ12为架立筋。

b. 当梁上部纵筋和下部纵筋全跨相同，且多数跨配筋相同时，此处可加注下部纵筋的配筋值，用"；"将上部和下部的配筋值分隔开来，少数跨不同时，采用原位标注。

例如2$\underline{\Phi}$22；4$\underline{\Phi}$20表示梁上部配置2$\underline{\Phi}$22的通长筋，梁下部配置4$\underline{\Phi}$20的通长筋。

⑤梁侧面纵向构造钢筋或受扭钢筋（必注值）

a. 当梁腹板高度$h_w \geq 450$mm时，需配置纵向构造钢筋，所注规格与根数应符合规范规定。

此项注写以大写字母G打头，接续注写设置在梁两个侧面的总配筋值，且对称配置。

本项目中KL219集中标注为G4ϕ12，表示梁两侧共配置4ϕ12的纵向构造钢筋，每侧各配置2ϕ12。

b. 当梁侧需要配置受扭纵向钢筋时，此项注写以大写字母"N"打头，接续注写配置在梁两侧的总配筋值，受扭纵向钢筋应满足梁侧面纵向构造钢筋的间距要求，且不再重复配置纵向构造钢筋。

例如N6$\underline{\Phi}$20表示梁的两个侧面共配置6$\underline{\Phi}$20的受扭钢筋，每侧各配置3$\underline{\Phi}$20。

注：当为梁侧面构造钢筋时，其搭接与锚固长度可取15d。当为梁侧受扭纵向钢筋时，其搭接长度为l_l或l_{lE}，锚固长度为l_a或l_{aE}，其锚固方式同梁下部纵筋。

⑥梁顶面标高高差（选注值）

梁顶面标高高差，系指相对于结构层楼面标高的高差值，对于位于结构夹层的梁，则指相对于结构夹层楼面标高的高差。有高差时，需将其写在括号内，无高差时不注。如某梁的顶面标高高于结构层的楼面标高时，其标高差为正值，反之为负值。

2）梁原位标注

梁原位标注内容规定如下：

①梁支座上部纵筋

梁支座上部纵筋，指含通长筋在内的所有纵筋，标注在梁上部支座处。

a. 当上部纵筋多于一排时，用"/"将各排纵筋自上而下分开。

本项目的KL219梁支座上部纵筋注写为4$\underline{\Phi}$25+2$\underline{\Phi}$20 4/2，表示梁支座上部纵筋分两排布置，上排钢筋为4$\underline{\Phi}$25，下排钢筋为2$\underline{\Phi}$20（图3-3）。

b. 当同排纵筋有两种直径时，用"+"将两种直径的纵筋相连，注写时将角筋写在前面。

如图3-5所示，支座上部纵筋注写为2$\underline{\Phi}$25+2$\underline{\Phi}$22，表示梁支座上部纵筋为4根，包括2$\underline{\Phi}$25和2$\underline{\Phi}$22的钢筋。

c. 当梁中间支座两边的上部钢筋不同时，须在支座两边分别标注；当梁中间支座两边的上部钢筋相同时，可仅在支座一边标注配筋值。

如图 3-5 所示，梁中间支座一边注写 4 ⸬ 25，表示中间支座梁左右两侧上部钢筋均为 4 ⸬ 25。

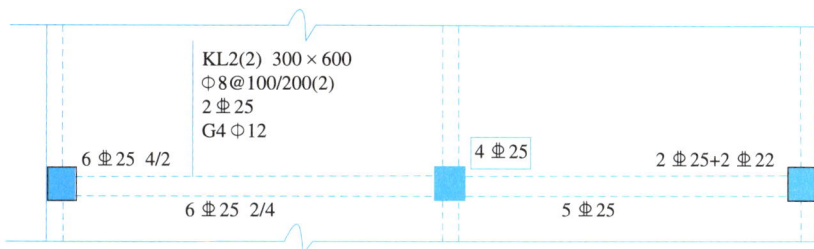

KL2(2) 300×600
Φ8@100/200(2)
2⸬25
G4Φ12

6⸬25 4/2

4⸬25

2⸬25+2⸬22

6⸬25 2/4

5⸬25

图 3-5　梁支座上部纵筋

②梁下部纵筋

梁下部纵筋标注在梁下跨中位置如图 3-6 所示。

a.当下部纵筋多于一排时，用"/"将各排纵筋自上而下分开。

如图 3-6 所示第一跨梁下部注写为 6 ⸬ 25　2/4，表示梁下部纵筋总数为 6 ⸬ 25，分两排布置，上排钢筋为 2 ⸬ 25，下排钢筋为 4 ⸬ 25。

b.当同排纵筋有两种直径时，用"+"将两种直径的纵筋相连，注写时角筋写在前面。

c.当梁的集中标注已经注写梁下通长筋时，则不需在梁下部重复做原位标注。

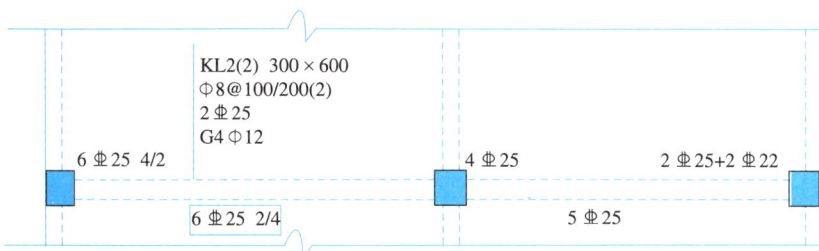

KL2(2) 300×600
Φ8@100/200(2)
2⸬25
G4Φ12

6⸬25 4/2

4⸬25

2⸬25+2⸬22

6⸬25 2/4

5⸬25

图 3-6　梁下部纵筋

③如果梁集中标注的内容不适用于某跨或悬挑部位时，则将其不同的数值在该跨或悬挑部位进行原位标注。施工时原位标注优先取值。

如图 3-7 所示，第一跨的箍筋应采用 φ10@100/200（2），第二跨的截面尺寸应为 300×700。

④附加箍筋与附加吊筋

在主次梁交接处，将附加箍筋与附加吊筋直接画在平面图的主梁上，用线引注总配筋值（附加箍筋的肢数注写在括号内），当多数附加箍筋或附加吊筋相同时，可在梁平法施工图上统一注明，少数与统一值不同时，再原位引注。

本项目的 KL219，除了按设计要求，主次梁相交处在主梁上次梁的两侧分别设置 3 根附加箍筋，附加箍筋同主梁箍筋。尚需在主梁上配置 2 ⸬ 20 的附加吊筋（图 3-8）。

图 3-7　对集中标注内容的原位修正信息

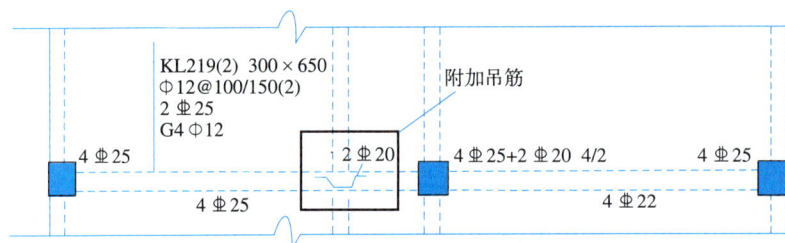

图 3-8　附加吊筋画法示例

（2）截面注写方式

截面注写方式，系在分标准层绘制的梁平面布置图上，分别在不同编号的梁中，各选择一根梁用剖面号引出配筋图，并在配筋图上注写截面尺寸和配筋具体数值的注写方式，如图 3-9 所示。

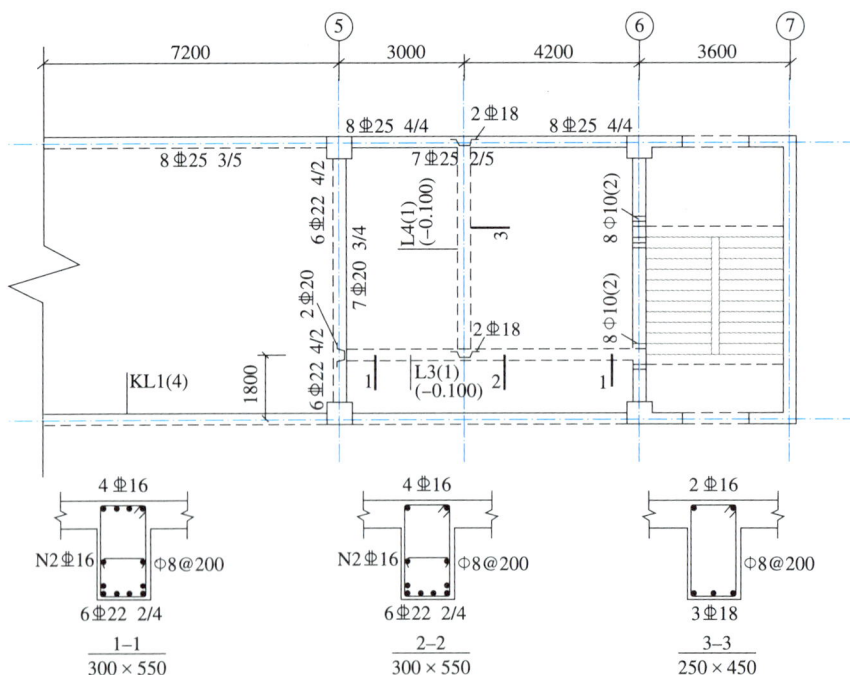

图 3-9　梁平法施工图截面注写方式示例

2.绘制钢筋翻样图

根据项目要求和《混凝土结构施工图平面整体表示方法制图规则和构造详图（现浇混凝土框架、剪力墙、梁、板）》22G101—1 及《混凝土结构施工钢筋排布规则与构造详图（现浇混凝土框架、剪力墙、梁、板）》18G901—1 的有关要求，一类环境，框架梁和框架柱的混凝土保护层厚度均为 20mm。

根据项目描述：该框架结构的抗震等级为三级，梁柱的混凝土强度等级均为 C30。

（1）计算 KL219 各跨的净跨

依据项目描述的柱平法施工图，本项目 KL219 有两跨：

第一跨的净跨 $l_{n1}=7400-300-300=6800$mm

第二跨的净跨 $l_{n2}=5400-350-300=4750$mm

（2）确定梁端支座锚固长度

楼层框架梁端支座的锚固可以采用直锚、弯锚、加锚头（锚板）锚固。构造要求如图 3-10 所示。

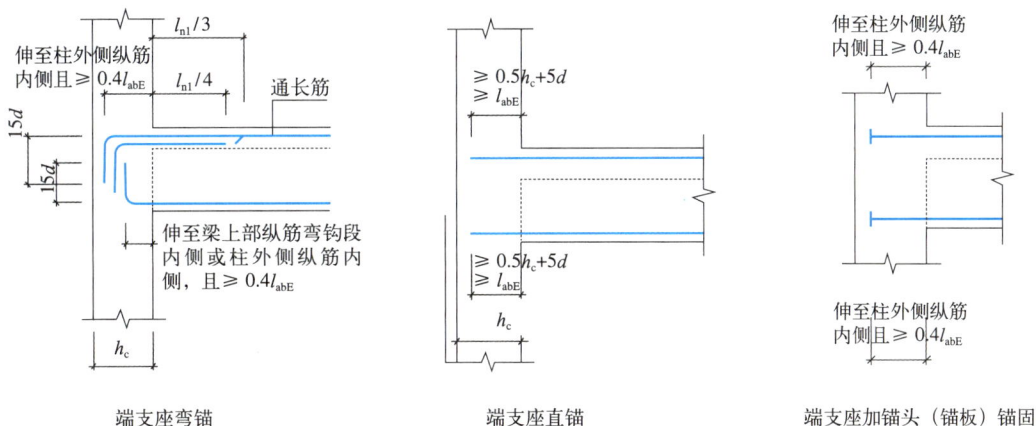

图 3-10 楼层框架梁端支座锚固构造要求

依据项目描述，框架结构三级抗震，框架梁混凝土强度等级 C30，框架梁采用 HRB400 的钢筋，钢筋直径为 25mm，混凝土保护层厚度为 20mm。查受拉钢筋抗震锚固长度表得：受拉钢筋抗震直锚长度 $l_{aE}=37d=37\times25=925$mm > 边柱 KZ6 的截面尺寸 600mm，故梁钢筋不能采用直锚形式，从而确定梁钢筋端支座的锚固方式为弯锚。

依据项目描述，边支座 KZ6 箍筋为 HPB300 直径 10mm 的钢筋，柱纵筋为 HRB400 直径 20mm 的钢筋。

1）梁上部钢筋锚固在柱内的直段长度 = 柱宽 - 柱混凝土保护层厚度 - 柱箍筋直径 - 柱纵筋直径 - 钢筋净距 $=600-20-10-20-25=525$mm $>0.4l_{abE}=0.4\times37\times25=370$mm。

弯钩长度 $15d=15\times25=375$mm。

2）梁下部钢筋端支座锚固在柱内的直段长度 = 上部钢筋的直段长度 - 上部钢筋直径 - 钢筋净距 $=525-25-25=475$mm $>0.4l_{abE}=0.4\times37\times25=370$mm。

依据项目描述：第一跨梁下部钢筋为 4 Φ 25，第二跨梁下部钢筋为 4 Φ 22。

第一跨左端支座锚固弯钩长度 $=15d=15\times25=375$mm。

第二跨右端支座锚固弯钩长度 $=15d=15\times22=330$mm。

（3）KL219 梁上部通长筋的连接

楼层框架梁上部钢筋的连接构造如图 3-11 所示，梁上部通长筋和非贯通筋直径相同时，可在跨中 $l_{ni}/3$ 范围内连接，接头百分率不宜大于 50%。

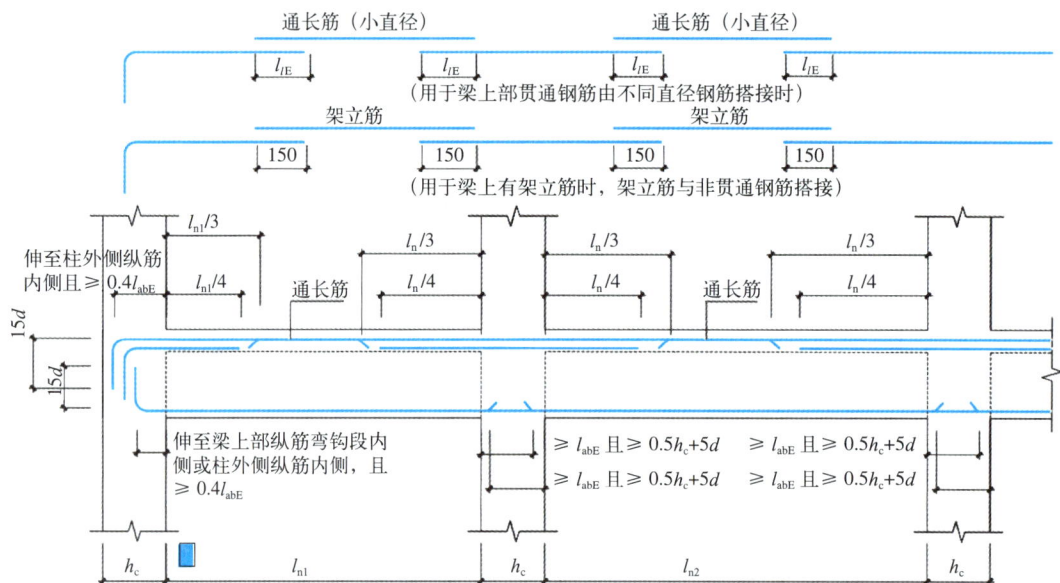

图 3-11　楼层框架梁纵向钢筋构造

（4）KL219 上部非贯通筋的截断

如图 3-11 所示楼层框架梁上部非贯通筋。第一排的截断点在距支座 $l_n/3$ 处，第二排的截断点在距支座 $l_n/4$ 处。其中跨度值 l_n 为左跨 l_{ni} 和右跨 l_{ni+1} 之较大值（其中 $i=1$，2，3……）。

1）左端支座梁上部共配置 4 Φ 25 的钢筋，一排布置，其中 2 Φ 25 是通长筋，故非贯通筋为 2 Φ 25，位于第一排，伸入跨内长度为 $l_{n1}/3=6800/3=2267$mm。

2）中间支座梁上部共配置 4 Φ 25+2 Φ 20 的钢筋，分两排布置，第一排钢筋：2 Φ 25 是通长筋，非贯通筋为 2 Φ 25；第二排 2 Φ 20 为非贯通筋。

第一排非贯通筋伸入跨内长度为 $l_n/3$，第二排非贯通筋伸入跨内长度为 $l_n/4$，l_n 取相邻两跨的较大值。$l_n/3=6800/3=2267$mm，$l_n/4=6800/4=1700$mm。

3）右端支座梁上部共配置 4 Φ 25 的钢筋，一排布置，其中 2 Φ 25 是通长筋，故非贯通筋为 2 Φ 25，位于第一排，伸入跨内长度为 $l_{n2}/3=4750/3=1584$mm。

（5）KL219 下部钢筋中间支座直锚

楼层框架梁下部钢筋中间支座直锚的连接构造如图 3-11 所示。

第一跨梁下部钢筋中间支座直锚长度 $l_{aE}=37d=37×25=925mm$。

第二跨梁下部钢筋中间支座直锚长度 $l_{aE}=37d=37×22=814mm$。

（6）箍筋加密区和非加密区

框架梁箍筋加密区范围依据抗震等级和梁高确定，详见图 3-12。

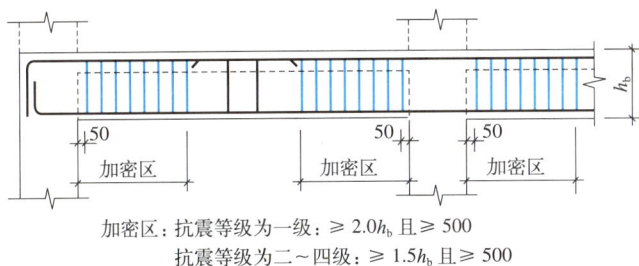

加密区：抗震等级为一级：$≥2.0h_b$ 且 $≥500$

抗震等级为二～四级：$≥1.5h_b$ 且 $≥500$

图 3-12　框架梁（KL、WKL）箍筋加密区范围

依据项目描述，框架结构三级抗震，KL219 梁高 h_b 为 650mm，箍筋加密区长度 $≥1.5h_b$ 且 $≥500mm$。$1.5h_b=1.5×650=975mm ≥ 500mm$，所以箍筋加密区范围为 975mm。

（7）梁侧构造钢筋

梁侧构造钢筋的要求如下，如图 3-13 所示。

1）当 $h_w ≥ 450mm$ 时，在梁的两个侧面应沿高度配置纵向构造钢筋，纵向构造钢筋间距 $a ≤ 200mm$。

2）当梁侧面配有直径不小于构造钢筋的受扭钢筋时，受扭钢筋可以代替构造钢筋。

3）两侧构造钢筋的搭接与锚固长度可取 $15d$，梁侧受扭钢筋的搭接长度为 l_{lE} 或 l_l，其锚固长度为 l_{aE} 或 l_a，锚固方式同框架梁下部钢筋。

4）当梁宽 $≤ 350mm$ 时，拉筋直径为 6mm；梁宽 $> 350mm$ 时，拉筋直径为 8mm。拉筋间距为非加密区箍筋间距的 2 倍。当设多排拉筋时，上下排拉筋竖向错开设置。

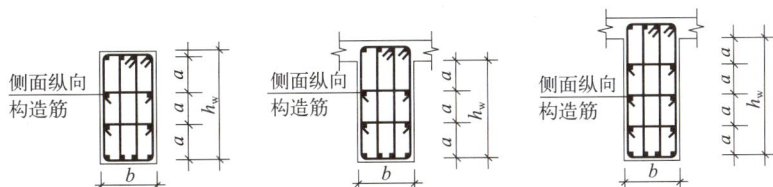

图 3-13　梁侧面纵向构造钢筋和拉筋

依据项目描述，KL219 梁侧构造钢筋采用 4φ12 的钢筋，伸入柱内的锚固长度为 $15d=15×12=180mm$。

KL219 的梁宽为 300mm < 350mm，故拉筋直径取 6mm。

KL219 的箍筋为 φ12@100/150（2），拉筋间距取箍筋非加密间距的 2 倍，故拉筋间距为 300mm。

（8）箍筋和拉筋弯钩构造

梁箍筋和拉筋弯钩构造形式和要求详见项目 2 图 2-8 及相关文字部分。

本项目为三级抗震，因此，箍筋、拉筋弯钩弯后平直部分长度不应小于箍筋直径的 10 倍和 75mm 的较大值。本项目的拉筋选用同时勾住纵筋和箍筋的方式。

（9）附加箍筋与附加吊筋

附加箍筋和附加吊筋的设置要求如图 3-14 所示。

附加箍筋的弯钩构造要求同箍筋。

附加吊筋设置：梁高 650mm < 800mm，故 $\alpha = 45°$。

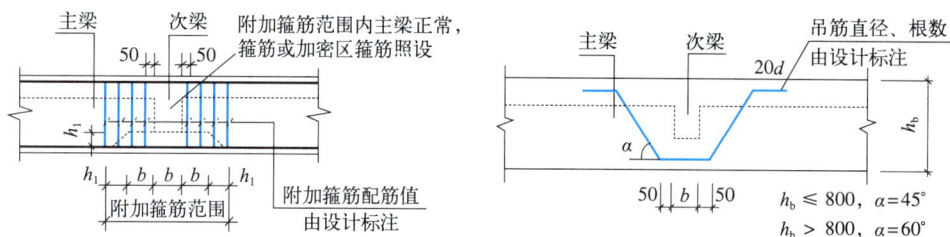

图 3-14 附加箍筋范围和附加吊筋构造

（10）绘制钢筋翻样图（图 3-15）

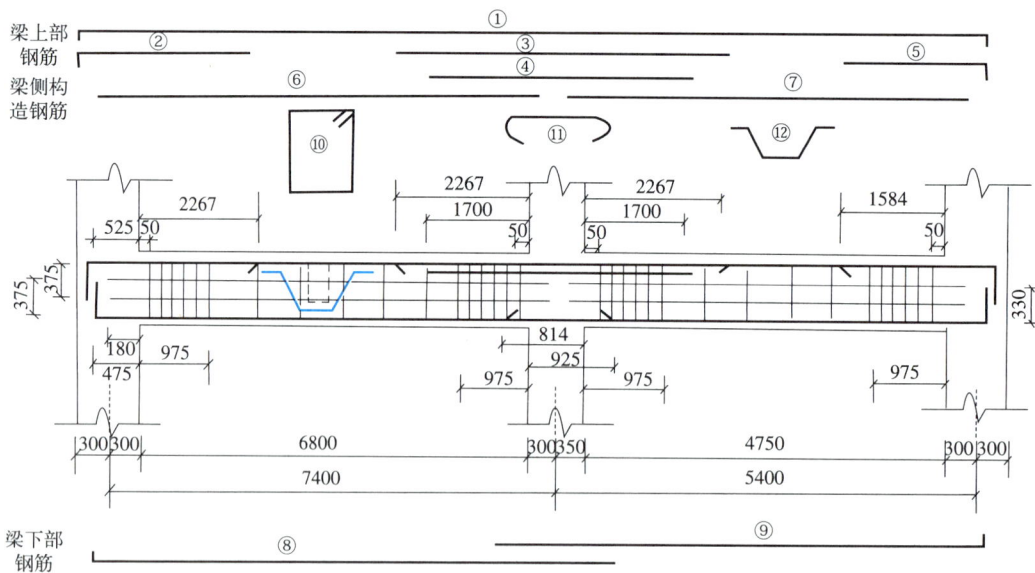

图 3-15 KL219 钢筋翻样图

3.计算钢筋下料长度

框架梁内的钢筋主要有直钢筋、弯折钢筋、箍筋、拉筋、弯起钢筋等形式，各种钢筋下料长度计算如下：

①号钢筋为上部通长筋

下料长度 = 通跨净跨 + 左端支座弯锚 + 右端支座弯锚

$= 7400 + 5400 - 2 \times 300 + (525 + 375 - 2 \times 25) \times 2 = 13900$mm

②号钢筋为第一跨端支座非贯通筋

下料长度 $= l_{n1}/3 +$ 左端支座弯锚 $= 2267 + (525 + 375 - 2 \times 25) = 3117$mm

③号钢筋为中间支座第一排非贯通筋

下料长度 = 柱宽 $+ 2 \times l_n/3 = 650 + 2 \times 2267 = 5184$mm

④号钢筋为中间支座第二排非贯通筋

下料长度 = 柱宽 $+ 2 \times l_n/4 = 650 + 2 \times 1700 = 4050$mm

⑤号钢筋为第二跨端支座非贯通筋

下料长度 $= l_{n2}/3 +$ 右端支座弯锚 $= 1584 + (525 + 375 - 2 \times 25) = 2434$mm

⑥号钢筋为第一跨构造钢筋

下料长度 = 第一跨净跨 + 两端锚固 $= 6800 + 2 \times 180 = 7160$mm

⑦号钢筋为第二跨构造钢筋

下料长度 = 第二跨净跨 + 两端锚固 $= 4750 + 2 \times 180 = 5110$mm

⑧号钢筋为第一跨梁下部钢筋

下料长度 = 第一跨净跨 + 左端支座弯锚 + 中间支座直锚 $= 6800 + (475 + 375 - 2 \times 25) + 925$

$= 8525$mm

⑨号钢筋为第二跨梁下部钢筋

下料长度 = 第二跨净跨 + 中间支座直锚 + 右端支座弯锚 $= 4750 + 814 + (475 + 330 - 2 \times 22)$

$= 6325$mm

⑩号钢筋为箍筋

下料长度 = 箍筋的外包尺寸 $- 90°$ 弯曲调整值 $+ 135°$ 弯钩增加值

$= (300 - 2 \times 20 + 650 - 2 \times 20) \times 2 - 3 \times 2 \times 12 + 2 \times 11.9 \times 12 = 1954$mm

$135°$ 弯钩增加值 $= 1.9d + \max(75, 10d) = 11.9d$ $(10d = 10 \times 12 = 120 > 75)$

KL219 箍筋的根数 $= [(975 - 50)/100 + 1] \times 4 + [(6800 - 2 \times 975)/150 - 1] +$

$[(4750 - 2 \times 975)/150 - 1] = 94$ 根

依据项目描述，主次梁相交处在主梁上次梁的梁侧分别设置 3 根附加箍筋，附加箍筋同主梁箍筋。故尚需加 6 根附加箍筋。

箍筋总根数 $= 94 + 6 = 100$ 根。

⑪号钢筋为拉筋

下料长度 = (梁宽 $- 2 \times$ 保护层) $+ 2 \times [1.9d + \max(75, 10d)] + 2d$

$= (300 - 2 \times 20) + 2 \times [1.9 \times 6 + 75] + 2 \times 6 = 445$mm

（梁宽 $= 300$mm < 350mm，故拉筋直径取 6mm）

第一跨一排拉筋根数 $= (6800 - 2 \times 50)/300 = 23$ 根

第二跨一排拉筋根数 $= (4750 - 2 \times 50)/300 = 16$ 根

依据项目描述和构造要求，构造钢筋设置了 G4φ12 的钢筋，分两排布置，拉筋需设置两排，当设有多排拉筋时，上下排拉筋竖向错开设置。

KL219 拉筋总根数 $=23×2+16×2=78$ 根

⑫号钢筋为附加吊筋

下料长度 $=2×$ 锚固平直段长度 $+2×$ 斜段长度 $+$ 次梁宽 $+2×50-45°$ 弯曲调整值 $=2×20×20+(650-2×20-2×12)×1.414×2+250+2×50-4×0.5×20=2768$ mm

注：附加吊筋采用 HRB400 的钢筋，末端不需要做弯钩。

4. 填写钢筋配料单

根据所计算的钢筋下料长度和识图结果，填写框架梁 KL219 钢筋配料单，见表 3-2。

KL219 钢筋配料单   表 3-2

工程名称：××××学校实训楼

构件名称（数量）：框架梁（1根）

构件编号：KL219

钢筋编号	钢筋规格	钢筋简图	下料长度(mm)	根数(根)	总长(m)	每米钢筋重(kg/m)	总重量(kg)	备注
①	Φ25	375 | 13250 | 375	13900	2	27.800	3.856	107.197	
②	Φ25	375 | 2792	3117	2	6.234	3.856	24.038	
③	Φ25	5184	5184	2	10.368	3.856	39.979	
④	Φ20	4050	4050	2	8.100	2.460	19.926	
⑤	Φ25	2109 | 375	2434	2	4.868	3.856	18.771	
⑥	φ12	7160	7160	4	28.640	0.888	25.432	
⑦	φ12	5110	5110	4	20.440	0.888	18.151	
⑧	Φ25	375 | 8200	8525	4	34.100	3.856	131.490	
⑨	Φ22	6039 | 330	6325	4	25.300	2.986	75.546	
⑩	φ12	260 | 610	1954	100	195.400	0.888	173.515	
⑪	φ6	272	445	78	34.710	0.222	7.706	
⑫	Φ20	400 / 829 \ 400 | 45° | 350	2768	2	5.536	2.460	13.619	

汇总：φ6：7.706kg   φ12：217.098kg   Φ20：33.545kg   Φ22：75.546kg   Φ25：321.475kg

编制人：×××   年级专业：×××   学号：×××   编制日期：××××年××月××日

【知识拓展】

悬挑梁钢筋翻样

悬挑梁包括纯悬挑梁和各类梁的悬挑端，下面以纯悬挑梁为例，介绍悬挑梁的钢筋有关构造和下料长度计算公式，如图 3-16 所示。

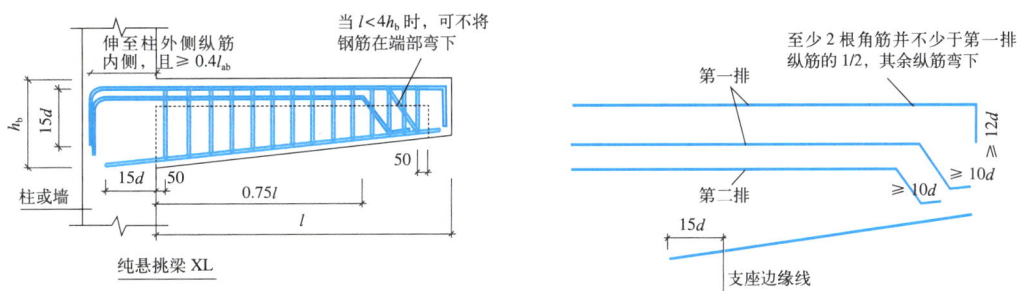

图 3-16 悬挑梁钢筋构造

悬挑梁钢筋翻样需注意以下几点：

（1）梁上部钢筋至少两根角筋并不少于第一排纵筋的 1/2 的钢筋伸至梁端部留保护层下弯，弯钩长度 $\geq 12d$。其余纵筋弯下。

（2）梁下部钢筋的下料长度：锚固长度 $15d$ 和挑出长度 l 都是水平长度，实际下料要计算为钢筋实际长度。

（3）悬挑梁为变截面，箍筋应缩尺（图 3-17），箍筋缩尺计算公式如下：

根据比例原理，每根箍筋的长短差数 Δ 为：

$$\Delta = \frac{l_c - l_d}{n - 1}$$

式中　l_c——箍筋的最大高度；

　　　l_d——箍筋的最小高度；

　　　n——箍筋根数，等于 $s/a + 1$；

　　　s——最长箍筋和最短箍筋之间的总距离；

　　　a——箍筋间距。

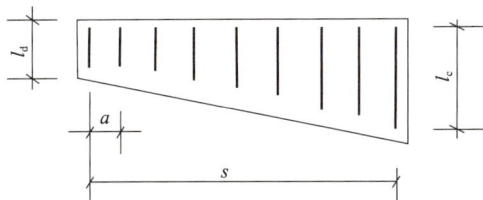

图 3-17 箍筋缩尺示意图

【能力测试】

1. 填空题

(1) 梁平法施工图的注写方式包括（　）和（　）。

(2) 某框架梁集中标注为 KL308 300×600，其中 KL 表示（　），梁宽为（　），梁高为（　）。

(3) 某建筑设计使用年限为 100 年，环境类别为一类，保护层厚度为（　）。

(4) 某框架梁集中标注中注有 N6Φ12，其中 N 表示（　），6Φ12 表示（　）。

(5) 某框架梁在集中标注里有 2Φ22；4Φ25，其中 2Φ22 表示（　），4Φ25 表示（　）。

2. 读图填空

根据图 3-18 梁平法施工图，完成以下内容。

(1) 依据集中标注，KL102 的跨数为（　），截面尺寸（　），箍筋为（　），梁上部通长筋为（　），构造钢筋为（　），梁两个侧面每边配置（　）。

(2) 第一跨截面尺寸为（　），梁上部为（　）的通长筋，分（　）排布置。梁下部钢筋为（　），分（　）排布置。

(3) 第二跨截面尺寸为（　），左端支座梁上部支座负筋为（　），分（　）排布置，其中通长筋为（　），第一排非贯通筋为（　），截断点位置在（　）。右端支座梁上部钢筋为（　），分（　）排布置，第一排为（　），第二排为（　），其中通长筋为（　），第一排非贯通筋为（　），截断点位置在（　），第二排非贯通筋为（　），截断点位置在（　）。第二跨梁下部钢筋为（　），分（　）排布置，下部第一排为（　），下部第二排为（　）。

(4) 第一跨箍筋为（　），第二跨箍筋为（　），如结构为二级抗震，则箍筋加密区长度为（　）。

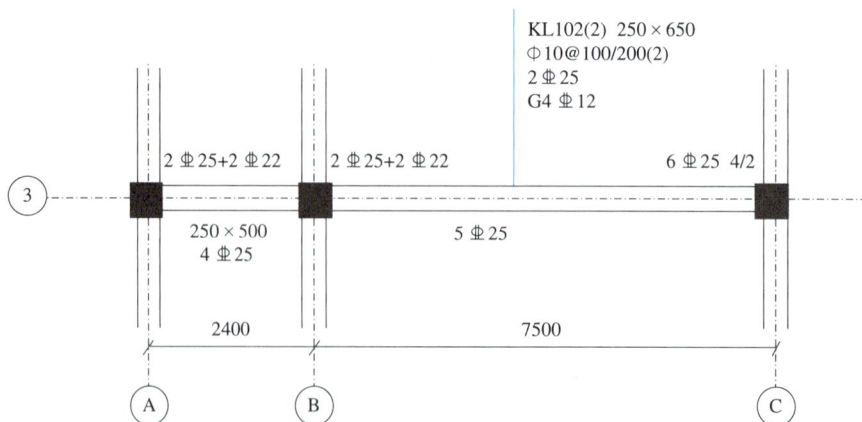

KL102(2) 250×650
Φ10@100/200(2)
2Φ25
G4Φ12

2Φ25+2Φ22　　2Φ25+2Φ22　　　　6Φ25 4/2

③

250×500
4Φ25　　　　5Φ25

2400　　　　7500

Ⓐ　　Ⓑ　　Ⓒ

图 3-18　梁平法施工图

【实践活动】

1. 活动任务

框架梁结构施工图如图 3-18 所示，一类环境，抗震等级为三级，混凝土强度等级为 C35，图中的框架柱均为 KZ6，柱截面尺寸均为 700mm×700mm，轴线居中，柱箍筋直径为 10mm，柱纵筋直径为 25mm，根据该施工图，试计算 KL102 钢筋的下料长度，并填写钢筋配料单。

2. 活动组织

项目实施中，4～5 人组成 1 个工作小组，组长进行任务分配。各小组制定出实施方案及工作计划，组长协助教师指导本组学生学习，检查项目进程和质量，制定改进措施，共同完成项目任务。

3. 活动时间

4 学时。

4. 活动工具

图集、规范、计算器、铅笔、三角板。

5. 活动评价

钢筋配料单填写完成后，对钢筋的下料进行质量检验，具体检验方法见表 3-3。

钢筋翻样质量要求及检验方法　　　　　　　　　　表 3-3

序号	项目	允许偏差	评分标准（分值待定）	检验方法	标准分	得分
1	钢筋的下料长度	按图纸规定	长度错 1 根扣 1 分	查看资料	30	
2	每种钢筋的数量	按图纸规定	每 1 种钢筋数量有错扣 1 分	查看资料	30	
3	钢筋简图、尺寸		错 1 处扣 1 分	查看资料	20	
4	配料单书写		书写不工整扣 2 分	查看资料	10	
5	工效		不能按规定时间完成本项无分，每提前 10 分钟加 1 分，最多加 4 分	计时	10	
6	合计				100	

项目 4

板钢筋翻样

项目 4 思维导图

【项目概述】

钢筋混凝土现浇板钢筋下料一般分为：下部纵筋、上部贯通纵筋、支座上部非贯通筋、分布筋。

本项目以框架结构现浇板为例，识读施工图，掌握钢筋混凝土板的配筋构造要求，进行板钢筋下料长度计算，并完成钢筋配料单填写。

【学习目标】

通过本项目的学习，你将能够：

（1）理解《混凝土结构施工图平面整体表示方法制图规则和构造详图（现浇混凝土框架、剪力墙、梁、板）》22G101—1平法图集关于现浇板部分，能熟练识读有关板平法施工图纸；

（2）理解钢筋混凝土结构现浇板的配筋构造要求；

（3）掌握钢筋混凝土结构现浇板的钢筋翻样方法；

（4）计算钢筋混凝土结构现浇板的钢筋下料长度；

（5）正确填写钢筋混凝土结构现浇板的配料单。

【项目描述】

某框架结构，二层结构平面图如图 4-1 所示，二层结构标高 4.850m。梁、板、柱采用 C25 混凝土，板混凝土保护层厚度 15mm，梁混凝土保护层厚度 25mm，梁上部的钢筋为 4 Φ 25，箍筋 ϕ 10@100/200。柱混凝土保护层厚度 30mm。柱截面尺寸 600mm×600mm，所有柱中均居轴线上。图中未注明的分布筋均为 ϕ 8@200。图中板支座上部非贯通筋标注长度为自支座中线算起。根据该施工图，计算 LB212 中钢筋的下料长度，并填写钢筋配料单。

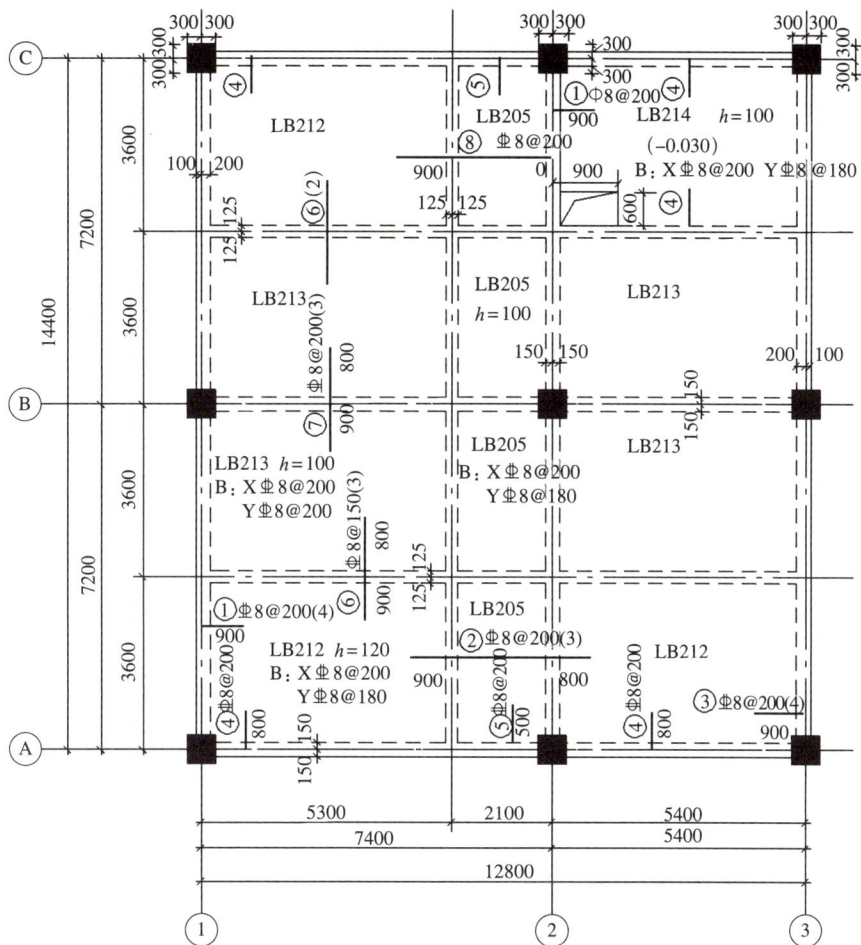

图 4-1　板平法施工图

【学习支持】

（1）《建筑工程施工质量验收统一标准》GB 50300—2013；

（2）《混凝土结构工程施工质量验收规范》GB 50204—2015；

（3）《混凝土结构工程施工规范》GB 50666—2011；

（4）《混凝土结构施工图平面整体表示方法制图规则和构造详图（现浇混凝土框架、剪力墙、梁、板）》22G101—1；

（5）《混凝土结构施工钢筋排布规则与构造详图（现浇混凝土框架、剪力墙、梁、板）》18G901—1。

【项目实施】

1. 识读板平法施工图

板平法施工图是在楼面板和屋面板的布置图上采用平面注写的表达方式，表示各板的尺寸和配筋。板分为有梁楼盖板和无梁楼盖板，本项目介绍有梁楼盖板。有梁楼盖板平法施工图平面注写分为板块集中标注和板支座原位标注。

（1）认识板块集中标注

板块集中标注的内容包括板块编号、板厚、上部贯通纵筋、下部纵筋以及当板面标高不同时的标高高差。

1）板块编号

对于普通楼面，两向均以一跨为一板块。所有板块逐一编号，相同编号的板块可选其中一块进行集中标注。板的编号见表4-1。

板编号   表4-1

板类型	代号	序号
楼面板	LB	××
屋面板	WB	××
悬挑板	XB	××

如本项目图4-1中，LB212表示序号为212的楼面板。

2）板厚

板厚为垂直于板面的厚度，注写为$h=×××$；当悬挑板根部和端部厚度不同时，注写为$h=×××/×××$，斜线前为板根部厚度，斜线后为板端部厚度。

图4-1中，LB212板厚为120mm。

3）纵筋

为方便表达，结构平面图的坐标方向规定如下：双向轴网正交布置时，图面从左向右为X方向，从下向上为Y方向；轴网向心布置时，切向为X方向，径向为Y方向。

纵筋按板块的下部纵筋和上部贯通筋分别注写（当板块上部不设贯通纵筋时则不注），以B代表板块下部纵筋，T代表板块上部贯通纵筋。

例如有一楼面板块注写为：LB1，$h=120$

B：X$\underline{\Phi}$10@120，Y$\underline{\Phi}$10@150

表示序号为1的楼面板，板厚120mm，板下部配置的纵筋为HRB400级钢筋，直径10mm，X方向钢筋间距为120mm，Y方向钢筋间距为150mm，板上部没有配置贯通纵筋。

例如有一悬挑板注写为：XB1，$h=120/80$

B：Xc$\underline{\Phi}$8@200，Yc$\underline{\Phi}$8@200

表示序号为1的悬挑板，板根部厚度120mm，端部厚度80mm，板下部配置构造钢筋，双向均为$\underline{\Phi}$8@200。注：当在某些板内（例如在悬挑板XB的下部）配置有构造钢筋时，则X向以Xc，Y向以Yc打头注写。

如图4-1中，LB212板底X方向钢筋为$\underline{\Phi}$8@200，Y方向钢筋为$\underline{\Phi}$8@180。

4）板面标高高差

当板顶面标高不同于结构层楼面标高时，标注标高差值。

例如有一楼面板块注写为 LB1，$h = 120$

$$B：X \text{ Φ}10@120，Y \text{ Φ}10@150$$

$$(-0.100)$$

表示 LB1 板顶面比结构层顶面低 0.100m。

如图 4-1 中，LB212 板顶面无标高差；LB214 板顶面有标高差，板顶面比结构层顶面低 0.030m。

（2）认识板支座原位标注

板支座原位标注包括板支座上部非贯通筋和悬挑板上部受力筋。

板支座上部非贯通筋和悬挑板上部受力筋应在配置相同跨的第一跨表达。标注钢筋编号、配筋值、横向连续布置的跨数（注写在括号内，当为一跨时可不注）以及是否横向布置到梁的悬挑端。

例如某板支座标注为：①Φ10@120（2），表示板支座配置①号钢筋Φ10@120，横向连续布置两跨。

例如某板支座标注为：①Φ10@120（2A），表示板支座配置①号钢筋Φ10@120，横向连续布置两跨及一端的悬挑梁部位。

例如某板支座标注为：①Φ10@120（2B），表示板支座配置①号钢筋Φ10@120，横向连续布置两跨及两端的悬挑梁部位。

如图 4-1 中，LB212 支座上部非贯通筋①Φ8@200（4），表示板支座配置①号钢筋Φ8@200，横向连续布置四跨。

2. 绘制钢筋翻样图

（1）认识现浇板钢筋排布规则

1）板端部钢筋构造

板端部支座可以是梁、剪力墙、圈梁及砌体，如图 4-2、图 4-3 所示。板上部纵筋（包括上部贯通纵筋和支座上部非贯通筋）在端支座应伸至支座外侧纵筋内侧后弯折，弯折后竖直段长度为 $15d$。板下部纵筋在端支座的锚固长度 $\geqslant 5d$ 且至少至支座中线。

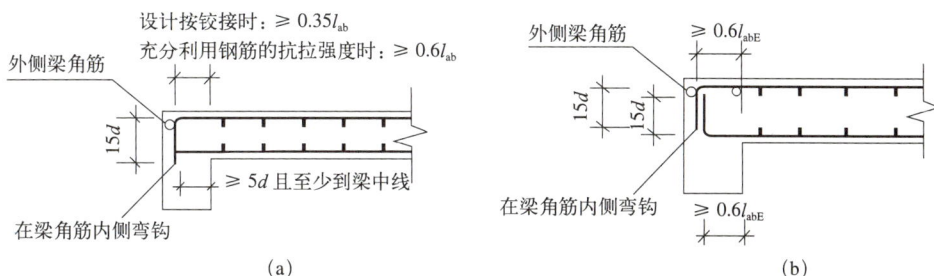

图 4-2　板在端部支座的锚固构造（一）

(a) 普通楼屋面板；(b) 用于梁板式转换层的楼面板

如图 4-1 中，LB212 端支座上部纵筋伸入梁内水平段长度 = 梁宽 – 梁混凝土保护层厚度 – 梁箍筋直径 – 梁上部纵筋直径 = 300−25−(10+25) = 240mm，弯折段长度 = $15d = 15 \times 8 = 120mm$。

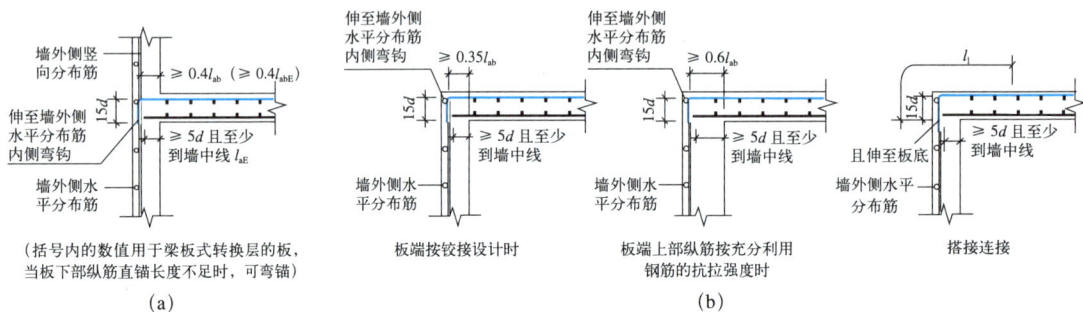

（括号内的数值用于梁板式转换层的板，当板下部纵筋直锚长度不足时，可弯锚）

（a）

板端按铰接设计时

板端上部纵筋按充分利用钢筋的抗拉强度时

搭接连接

图 4−3　板在端部支座的锚固构造（二）

（a）端部支座为剪力墙中间层；（b）端部支座为剪力墙墙顶

2）板中间支座钢筋排布

下部纵筋：与支座垂直的贯通纵筋应伸入支座长度 $\geq 5d$ 且至少到支座中线，钢筋搭接接头位置宜在距支座 1/4 净跨内。与支座平行的第一根贯通纵筋距梁边 1/2 板筋间距布置。

如图 4-1 中，LB212 下部钢筋伸入梁内长度为 max（$5d = 5 \times 8 = 40mm$，1/2 梁宽 = 300/2 = 150mm），故取 150mm。

上部纵筋：与支座垂直纵筋贯通跨越中间支座，不应在支座位置连接或分别锚固，连接区域在跨中 1/2 范围内，当相邻两跨贯通纵筋直径不同时，应将直径较大的钢筋伸入直径较小的跨内连接。与支座平行的第一根贯通纵筋距梁边 1/2 板筋间距布置。支座负筋按设计尺寸布置即可。板中间支座钢筋构造如图 4-4 所示。

2. 抗裂筋及温度应力筋构造

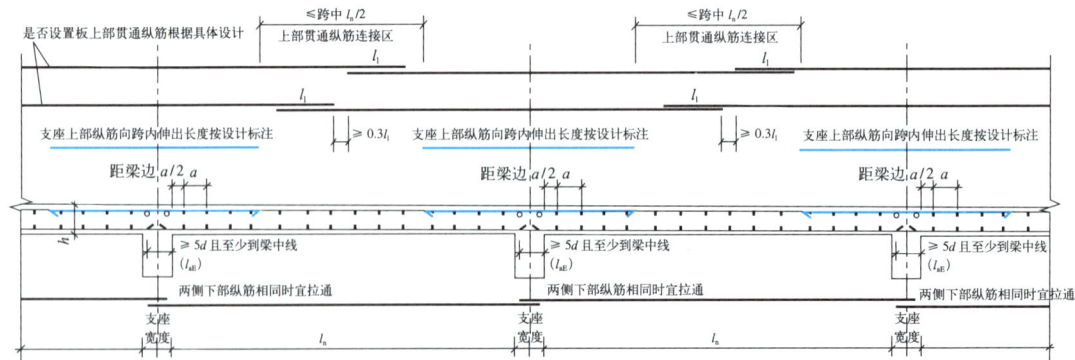

有梁楼盖楼面板 LB 和屋面板 WB 钢筋构造

（括号内的锚固长度 l_{aE} 用于梁板式转换层的板）

图 4−4　板中间支座钢筋构造

3）单（双）向板的钢筋排布

①单（双）向板上部钢筋的排布

根据两边长度比值不同，楼板可分为单向板和双向板。单向板在一个方向布置受力筋另一个方向布置分布筋。双向板在两个相互垂直的方向布置受力筋。板厚范围上、下各层钢筋定位顺序如图 4-5 所示。分布钢筋自身及其与受力钢筋、构造钢筋搭接长度为150mm。

图 4-5　板厚范围上、下层钢筋定位顺序

②单（双）向板柱位置上部钢筋的排布

角柱（边柱）位置板上部钢筋排布如图 4-6 所示，中柱位置板上部钢筋排布如图4-7 所示，柱角位置板上部附加钢筋的种类、直径与相应方向的受力筋相同。

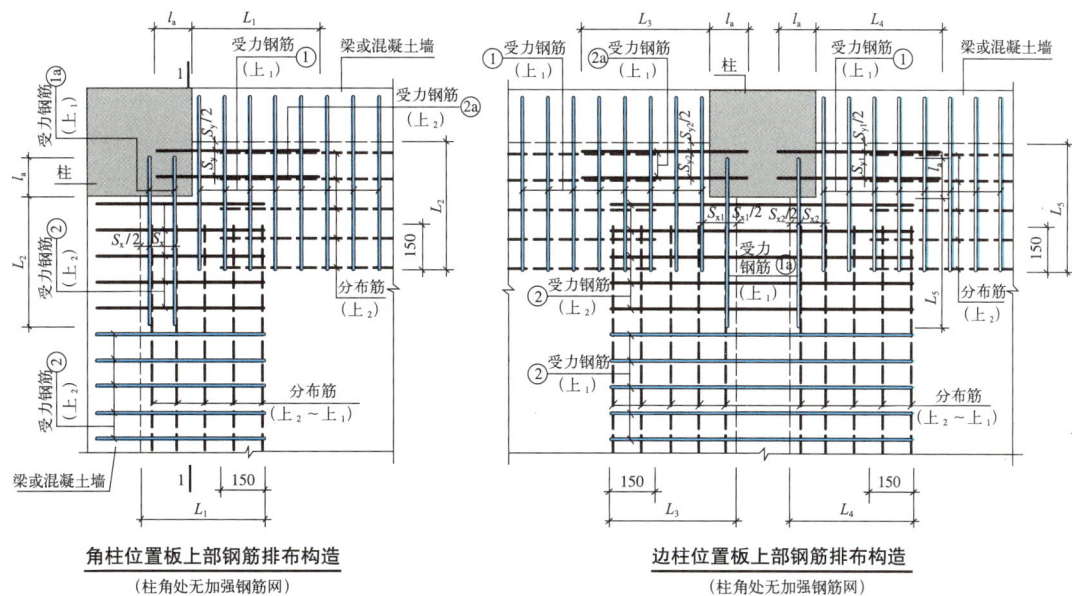

图 4-6　角（边）柱位置板上部钢筋排布

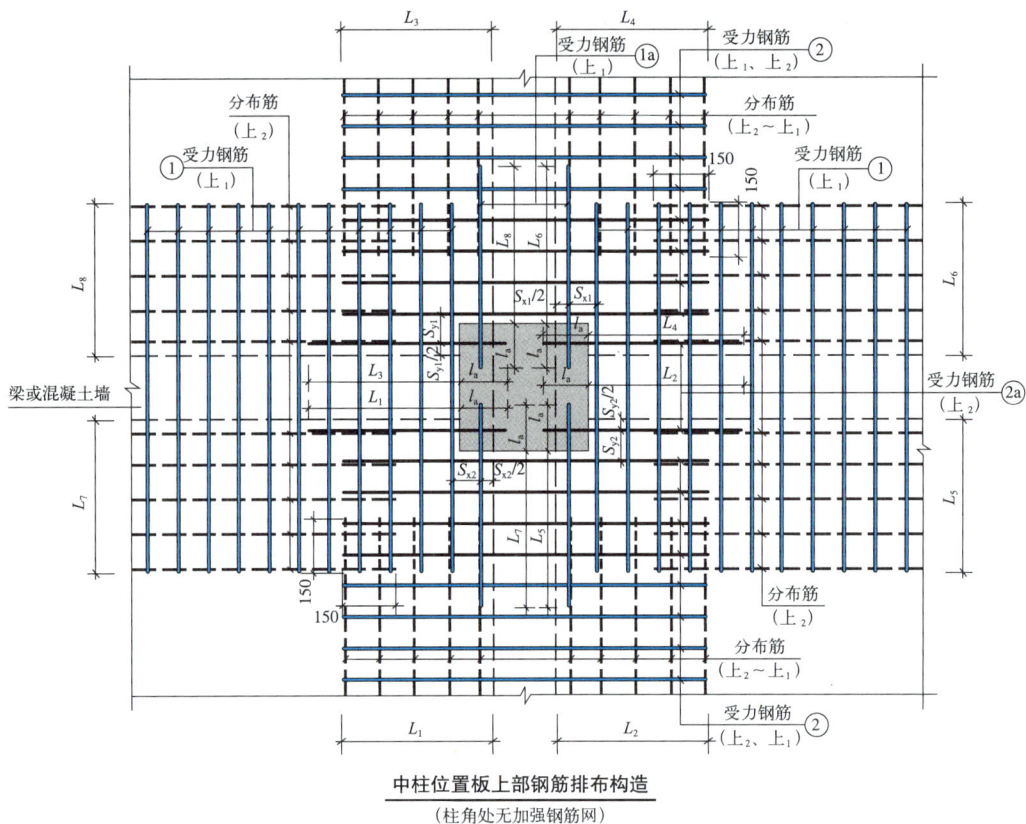

图 4-7　中柱位置板上部钢筋排布

图 4-1 中，LB212 在柱角位置板上部附加钢筋（④a 号钢筋Φ8@200，①a 号钢筋Φ8@200），LB212 上部钢筋翻样如图 4-8 所示。

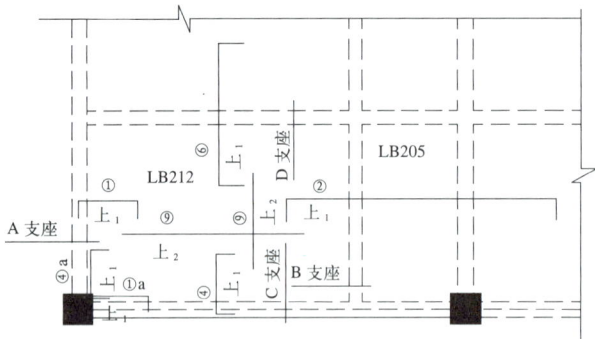

图 4-8　LB212 板上部钢筋排布

柱边附加钢筋④a 号钢筋Φ8@200，①a 号钢筋Φ8@200，位于第一层，上₁。

A 支座上部非贯通筋：①号钢筋Φ8@200，钢筋位于第一层，上₁。

B 支座上部非贯通筋：②号钢筋Φ8@200，钢筋位于第一层，上₁。

C 支座上部非贯通筋：④号钢筋⌀8@200，钢筋位于第一层，上$_1$。

D 支座上部非贯通筋：⑥号钢筋⌀8@150，钢筋位于第一层，上$_1$。

X 向分布筋：⑨号钢筋Φ8@200，钢筋位于第二层，上$_2$。

Y 向分布筋：⑨号钢筋Φ8@200，钢筋位于第二层，上$_2$。

3. 悬挑板钢筋
排布及后浇带

③单（双）向板下部钢筋的排布（图 4-9）

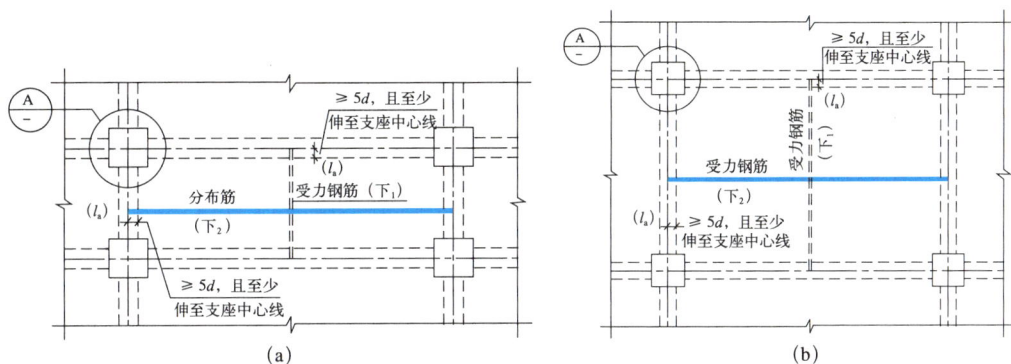

图 4-9　板下部钢筋排布
(a) 单向板下部钢筋排布；(b) 双向板下部钢筋排布

板下部钢筋在柱边的钢筋排布如图 4-10 所示。

如本项目中，LB212 为双向板，Y 方向下部钢筋在下$_1$，X 方向钢筋在下$_2$。钢筋翻样如图 4-11 所示。

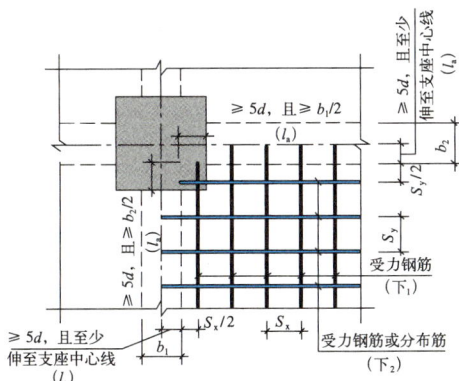

图 4-10　板下部钢筋柱边的排布

图 4-11　LB212 板下部钢筋排布

3. 钢筋下料长度计算

（1）板端支座负筋长度及根数计算

$$弯折长度 = 板厚 - 板筋保护层厚度 \times 2$$

本项目板混凝土保护层厚度 15mm。弯曲调整值：支座负筋两端均为 90°弯钩，弯曲调整值 $2d \times 2$。

钢筋起步间距：距支座边 1/2 板筋间距。

本项目 LB212 板支座上部非贯通筋计算如下：LB212 板上部钢筋主要包括柱边附加钢筋、A 支座上部非贯通筋、B 支座上部非贯通筋、C 支座上部非贯通筋、D 支座上部非贯通筋、X 向分布筋、Y 向分布筋。

1）柱边附加钢筋（④ a 号钢筋 Φ 8@200，① a 号钢筋 Φ 8@200）

④ a 号钢筋 Φ 8@200，锚固长度 $L_a = 40d = 40 \times 8 = 320mm$

钢筋长度 L = 板内净尺寸 + L_a + 弯钩增加长度 + 弯折长度 – 弯曲调整值

$$= 800 - 150 + 320 + (100 - 15 \times 2) - 2d$$
$$= 650 + 320 + 70 - 16 = 1024mm$$

钢筋根数 n =（布筋范围 – 钢筋起步间距）/ 板负筋间距 =（300 – 200 – 200/2）/200 + 1 = 1 根

① a 号钢筋 Φ 8@200，锚固长度 $L_a = 40d = 40 \times 8 = 320mm$

钢筋长度 L =（900 – 150）+ 320 +（100 – 15 × 2）– 2d

$$= 750 + 320 + 70 - 16 = 1124mm$$

钢筋根数 n =（300 – 150 – 200/2）/200 + 1 ≈ 2 根

2）A 支座上部非贯通筋（①号钢筋 Φ 8@200）

查图集 16G101–1 得钢筋锚固长度 $L_a = 40d = 40 \times 8 = 320mm > 300mm$（梁支座宽度），故采用公式：端支座上部非贯通筋下料长度 = 钢筋伸入端支座水平段长度 + 15d + 弯钩增加长度 + 板内净尺寸 + 弯折长度 – 弯曲调整值计算。

$$钢筋伸入支座长度 = 300 - 25 - (10 + 25) = 240mm$$

由图 4–1 可知：梁的保护层厚度 25mm，箍筋直径 10mm，梁上角筋直径 25mm。故钢筋伸入支座长度 = 300 – 25 –（10 + 25）= 240mm。

图中板支座上部非贯通筋标注长度为从支座中线算起，故支座上部非贯通筋板内净尺寸 = 900 – 300 ÷ 2 = 750mm。

钢筋长度 L = 钢筋伸入端支座水平段长度 + 15d + 弯钩增加长度 + 板内净尺寸 + 弯折长度 – 弯曲调整值

$$= 240 + 15d + (100 - 15 \times 2) + 750 - 2 \times 2d$$
$$= 240 + 15 \times 8 + 70 + 750 - 2 \times 2 \times 8 = 1148mm，取下料长度为 1150mm$$

钢筋根数 n =（布筋方向板净跨长 – 2 × 钢筋起步间距）/ 板支座上部非贯通筋间距 + 1

$$=（3600 - 300 - 125 - 100 \times 2）/200 + 1 ≈ 16 根$$

3）C 支座上部非贯通筋（④号钢筋 Φ 8@200）

C 支座为端支座，受力钢筋锚固长度及钢筋伸入支座长度计算同 A 支座。

支座上部非贯通筋板内净尺寸 = 800 – 300 ÷ 2 = 650mm

钢筋长度 L = 240 + 15d +（100 – 15 × 2）+ 650 – 2 × 2d = 1048mm，取下料长度为 1050mm。

钢筋根数 n =（5300 – 300 – 125 – 100 × 2）/200 + 1 根 ≈ 25 根

（2）板中间支座上部非贯通筋长度及根数计算

钢筋起步间距：距支座边 1/2 板筋间距。本支座负筋起步间距为 100mm。

本项目中间支座钢筋计算如下：

1）B 支座上部非贯通筋（②号钢筋Φ8@200）

B 支座为中间支座，故

钢筋长度 L = 水平段长度 + 弯折长度 ×2 – 弯曲调整值

$= 900+2100+800+(100-15×2)×2-2×2d$

$= 3908$mm，取下料长度为 3910mm

钢筋根数 n =（布筋方向板净跨长 – 2× 钢筋起步间距）/ 板上部非贯通筋间距 +1

$=(3600-150-125-100×2)/200+1 ≈ 17$ 根

2）D 支座上部非贯通筋（⑥号钢筋Φ8@150）

D 支座为中间支座，计算公式同 B 支座。

钢筋长度 L = $900+800+(100-15×2)×2-2×2d=1808$mm，取下料长度为 1810mm。

钢筋根数 n = $(5300-200-125-100×2)/150+1 ≈ 33$ 根

（3）支座上部非贯通筋的分布筋长度及根数计算

本项目分布钢筋为 φ8@200，分布钢筋末端可不做弯钩，分布钢筋与支座负筋搭接长度为 150mm。

1）X 向分布钢筋（⑨号钢筋 φ8@200）

本项目支座上部非贯通筋标注是从支座中心线算起，故

X 方向上部非贯通筋的分布钢筋长度 L = X 方向两支座中心线之间长度 – 左右两支座上部非贯通筋标注长度 + 搭接长度 ×2

$= 5300-200-125-900-900+150×2=3475$mm

X 方向上部非贯通筋的分布钢筋根数 =（Y 方向支座上部非贯通筋板内净长 – 钢筋起步间距 ×2）/ 分布筋间距 +1

C 支座上部非贯通筋的分布钢筋根数 = $(800-150-200/2)/200+1=4$ 根

D 支座上部非贯通筋的分布钢筋根数 = $(900-125-200/2)/200+1=5$ 根

2）Y 向分布钢筋（⑨号钢筋 φ8@200）

Y 方向上部非贯通筋的分布钢筋长度 L = Y 方向两支座中心线之间长度 – 左右两支座上部非贯通筋标注长度 + 搭接长度 ×2

$= 3600-150-125-800-900+150×2=1925$mm

Y 方向上部非贯通筋的分布钢筋根数 =（X 方向支座上部非贯通筋板内净长 – 钢筋起步间距 ×2）/ 分布筋间距 +1

A 支座上部非贯通筋的分布钢筋根数 = $(900-150-200/2)/200+1=5$ 根

B 支座上部非贯通筋的分布钢筋根数 = $(900-125-200/2)/200+1=5$ 根

（4）板下部纵筋长度及根数计算

板下部纵筋伸入支座内长度：当楼板端部支座为梁、圈梁、剪力墙时，取 max（$B/2$，$5d$），B 为支座宽度；当支座为砌体墙时，取 max（墙厚 $/2$，120，h）。本项目板下部纵筋伸入 A、C 支座的长度 max（$B/2$，$5d$）= max（300/2，5×8）=150mm；板下部纵筋伸入 B、D 支座的长度 max（$B/2$，$5d$）= max（250/2，5×8）=125mm。

本项目 LB212 板下部纵筋包括 X 向钢筋⑩ b 号钢筋Φ8@200，Y 向钢筋⑩ a 号钢

筋⚈8@180。X 向钢筋起步间距为 100mm，Y 向钢筋起步间距为 90mm。

1）X 向钢筋（⑩b 号钢筋⚈8@200）

板下部 X 向钢筋长度 = 板净跨 + 左、右伸入支座内的长度 + 弯钩增加长度 ×2

$$= (5300-200-125) +150+125=5250mm$$

板下部 X 向钢筋根数 =（Y 方向板净跨 – 钢筋起步间距 ×2）/ 分布筋间距 +1

$$= (3600-150-125-100×2)/200+1 ≈ 17 根$$

2）Y 向钢筋（⑩a 号钢筋⚈8@180）

板下部 Y 向钢筋长度 = 板净跨 + 左、右伸入支座内的长度 + 弯钩增加长度 ×2

$$= (3600-150-125) +150+125=3600mm$$

板下部 Y 向钢筋根数 =（X 方向板净跨 – 钢筋起步间距 ×2）/ 分布筋间距 +1

$$= (5300-200-125-90×2)/180+1 ≈ 28 根$$

4. 填写配料单

根据所计算的钢筋下料长度和识图结果，填写 LB212 钢筋配料单，见表 4-2。

LB212 钢筋配料单
表 4-2

工程名称：某工程

构件名称（数量）：现浇板（1 块）

构件编号：LB212

钢筋编号	钢筋规格	钢筋简图	下料长度 (mm)	根数 (根)	总长 (m)	每米钢筋重 (kg/m)	总重量 (kg)	备注
①	⚈ 8	120 ⌐ 990 ¬ 70	1150	16	18.400	0.395	7.268	
①a	⚈ 8	1070 ¬ 70	1124	2	2.248	0.395	0.888	
②	⚈ 8	70 ⌐ 3800 ¬ 70	3910	17	66.470	0.395	26.256	
④	⚈ 8	120 ⌐ 890 ¬ 70	1050	25	26.250	0.395	10.369	
④a	⚈ 8	970 ¬ 70	1024	1	1.024	0.395	0.404	
⑥	⚈ 8	70 ⌐ 1700 ¬ 70	1810	33	59.730	0.395	23.593	
⑨ X 向	φ 8	3475	3475	9	31.275	0.395	12.354	
⑨ Y 向	φ 8	1925	1925	10	19.250	0.395	7.604	
⑩ a	φ 8	3600	3600	28	100.800	0.395	39.816	
⑩ b	φ 8	5250	5250	17	89.250	0.395	35.254	

汇总：⚈ 8：68.778kg　　　φ 8：95.028kg

编制人：×××　　　年级专业：×××　　　学号：×××　　　编制日期：××××年××月××日

【知识拓展】

开洞口板的钢筋翻样计算

开洞口板的上部钢筋及底面钢筋长度及根数计算原理同上述无洞口板，但是开洞口板的钢筋在洞口边构造不同，因此，在进行开洞口板钢筋翻样时，板上部、底部的钢筋按前面项目所示方法计算即可，洞口部位钢筋另算。

矩形洞边长和圆形洞直径不大于 300mm 且洞口边无集中荷载时，受力钢筋绕过洞边，不另设补强钢筋，如图 4-12 所示。矩形洞边长和圆形洞直径大于 300mm 但不大于 1000mm 且洞口边无集中荷载时，洞边设置补强钢筋，如图 4-13 所示。

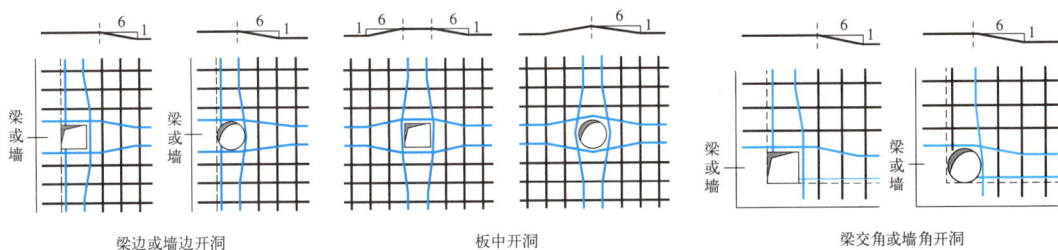

图 4-12　矩形洞边长和圆形洞直径不大于 300mm 时钢筋构造

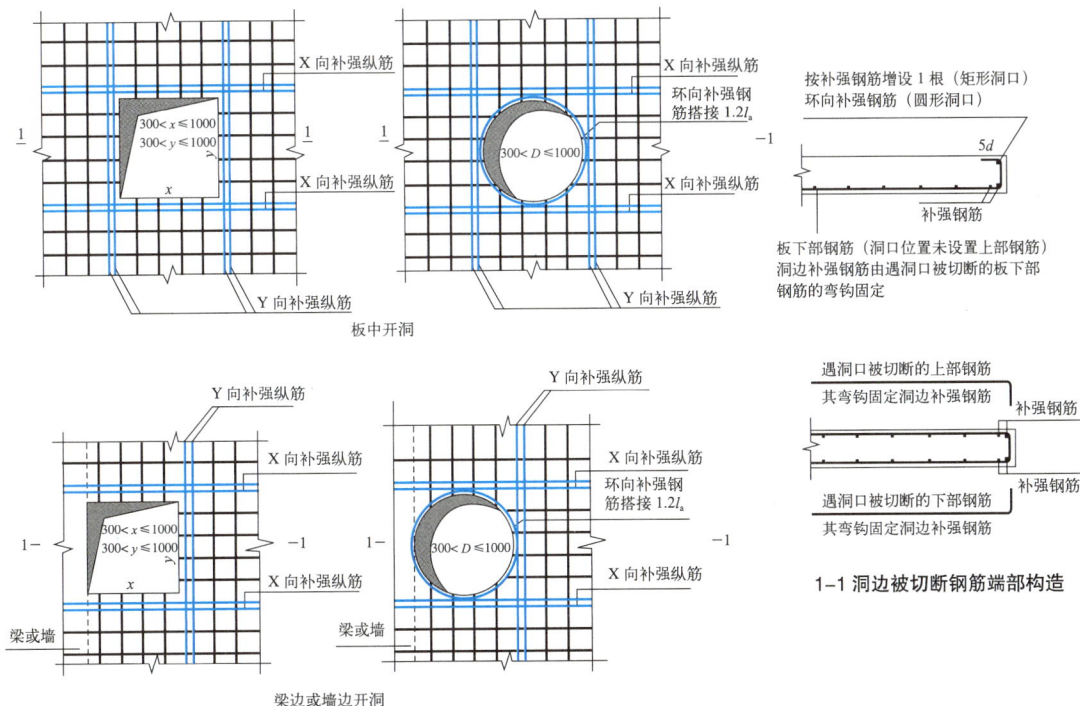

图 4-13　矩形洞边长和圆形洞直径大于 300mm 且不大于 1000mm 时钢筋构造

【能力测试】

1. 填空题

（1）板平法施工图的平面注写内容包括（　　）和（　　）。

（2）某工程板采用C30混凝土，板纵向钢筋采用绑扎搭接连接，同一断面接头率50%，板底面钢筋 φ10@200，则钢筋搭长度为（　　）mm，钢筋接头相互错开的距离为（　　）mm。

（3）某工程梁截面尺寸为250mm×500mm，梁上楼板厚度120mm，板底面钢筋 Φ12@180，板底面钢筋伸入支座内的长度为（　　）mm。

（4）某工程梁、板、柱采用C30混凝土，板的端部支座为KL1，KL1截面尺寸300mm×600mm，梁上部通长筋 2Φ22，梁箍筋 φ10@100/200（2）。板在支座KL1上的支座负筋为 Φ10@200，则支座负筋伸入端支座水平长度为（　　）mm，竖向弯折长度为（　　）mm。计算支座负筋下料长度时，1个弯折处弯曲调整值为（　　）mm。

2. 选择题

（1）板编号由类型代号和序号组成，如LB1表示（　　），序号1。

A. 楼面板　　　　B. 屋面板　　　　C. 悬挑板　　　　D. 纯悬挑板

（2）某楼面板X向净跨度3000mm，X向钢筋 Φ12@150，板Y向净跨度3600mm，Y向钢筋 Φ12@180，X向钢筋根数为（　　）。

A. 26　　　　B. 23　　　　C. 24　　　　D. 15

（3）悬挑板下部构造钢筋应深入支座的距离≥（　　）d，且至少伸至支座中线。

A. 10　　　　B. 15　　　　C. 20　　　　D. 12

（4）板支座负筋的分布钢筋自身及其与受力钢筋的搭接长度为（　　）。

A. 15d　　　　B. 150mm　　　　C. 75mm　　　　D. L_l

3. 简答题

（1）板支座负筋标注为 Φ12@100（4），说明标注中各符号和数字的含义。

（2）板集中标注如下，写出标注中各符号和数字的含义，板中第一根钢筋起步距离是多少？

LB1，h=100

B：X Φ12@100，Y Φ10@150

（−0.050）

【实践活动】

1. 活动任务

某二层框架结构，二层楼面标高为 3.850m，梁板柱采用 C25 混凝土。梁混凝土保护层厚度 25mm，梁上部通长筋均为 2 Φ22，箍筋均为 Φ10@100/200（2），梁轴线均居中。二层结构布置图（局部）如图 4-14 所示，图中板未注明分布钢筋的均为 ϕ8@200。根据该施工图，计算 LB3 的钢筋下料长度，并填写钢筋配料单。

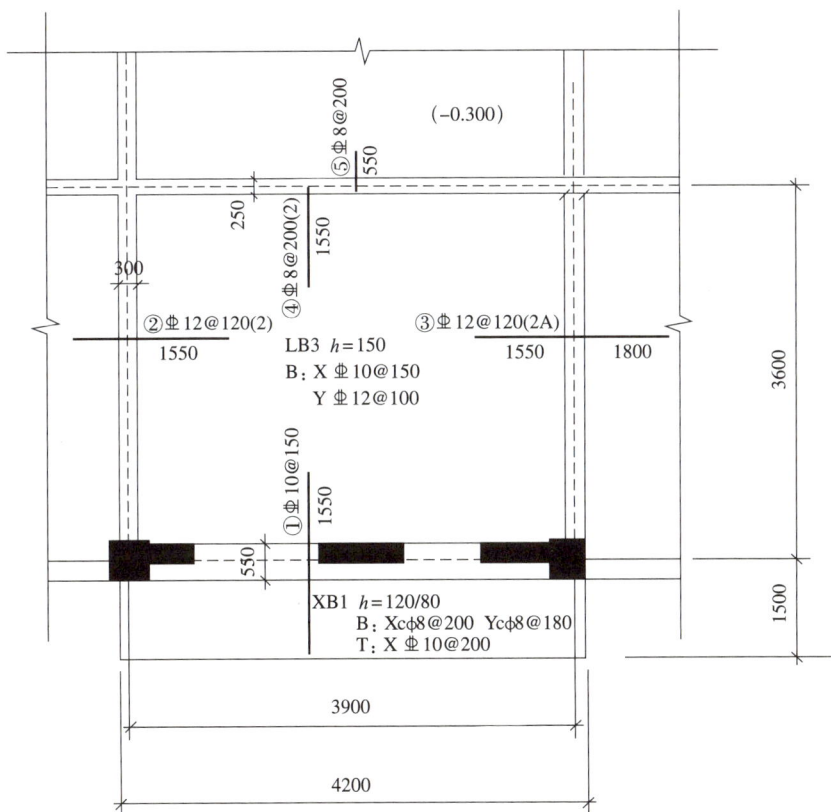

图 4-14　二层结构布置图（局部）

2. 活动组织

项目实施中，4～5 人组成 1 个工作小组，组长进行任务分配。各小组制定出实施方案及工作计划，组长协助教师指导本组学生学习，检查项目进程和质量，制定改进措施，共同完成任务。

3. 活动时间

8 学时。

4. 活动工具

图集、规范、计算器、铅笔、三角板。

5. 活动评价

钢筋配料单填写完成后，对钢筋的下料进行质量检验，具体检验方法见表4-3。

钢筋翻样质量要求及检验方法 表4-3

序号	项 目	允许偏差	评分标准	检验方法	标准分	得分
1	下料长度	钢筋的下料长度计算正确，计算过程完整	长度错1根扣1分	查看资料	30	
2	钢筋的数量	钢筋根数计算正确，计算过程完整	每1种钢筋数量有错扣1分	查看资料	30	
3	钢筋翻样图	板钢筋翻样图完整，信息表达清楚	错1处扣1分	查看资料	20	
4	配料单书写	钢筋简图绘制正确、尺寸标注正确	书写不工整扣2分	查看资料	10	
5	工效	按时完成	不能按规定时间完成本项无分，每提前10分钟加1分，最多加4分	计时	10	
6	合计				100	

项目 5
剪力墙钢筋翻样

项目 5 思维导图

【项目概述】

　　剪力墙主要由剪力墙身、剪力墙柱、剪力墙梁构成，其中剪力墙身钢筋包括水平分布钢筋、竖向分布钢筋、拉结筋和洞口加强筋；剪力墙柱主要包括约束边缘构件、构造边缘构件、非边缘暗柱、扶壁柱四种类型，其钢筋主要有纵筋和箍筋；剪力墙梁包括连梁、暗梁、边框梁三种类型，其钢筋主要有上部纵筋、下部纵筋、梁侧面纵筋、拉筋和箍筋。

　　本项目以某一剪力墙平法施工图为例，从识读施工图纸开始，掌握钢筋混凝土剪力墙的配筋构造要求，进行剪力墙钢筋下料长度的计算并完成钢筋配料单填写。钢筋下料计算时，分 3 部分进行，分别是剪力墙身（包括边缘构件的非阴影区）、剪力墙墙柱、剪力墙墙梁（不含连梁上的墙身水平分布筋和拉结筋，此部分的计算方法同剪力墙身水平分布筋和拉结筋）。

【学习目标】

　　通过本项目的学习，你将能够：

　　（1）理解《混凝土结构施工图平面整体表示方法制图规则和构造详图（现浇混凝土框架、剪力墙、梁、板）》22G101—1 平法图集关于剪力墙的部分，能熟练识读有关剪力墙结构施工图纸；

　　（2）理解钢筋混凝土剪力墙的配筋构造要求；

　　（3）掌握钢筋混凝土剪力墙的钢筋翻样方法；

　　（4）计算钢筋混凝土剪力墙的钢筋下料长度；

　　（5）正确填写钢筋混凝土剪力墙的配料单。

【项目描述】

　　某高层建筑，采用剪力墙结构，抗震等级为三级，上部剪力墙混凝土强度等级为 C30，板厚为 100mm，剪力墙混凝土保护层厚度为 20mm。剪力墙平法施工图如图 5-1 所示；剪力墙身表见表 5-1；剪力墙梁表见表 5-2；剪力墙柱表见表 5-3。根据该施工图，计算三层⑦轴上的 Q1、YBZ1 及 Ⓓ轴上 LL2 的钢筋下料长度，并填写钢筋配料单。根据设计要求剪力墙结构中钢筋直径大于 14mm 的竖向钢筋采用电渣压力焊，水平钢筋采用机械连接；直径小于等于 14mm 的钢筋均采用绑扎连接。剪力墙墙身约束边缘构件沿墙肢的长度 l_c 为 1400mm；约束边缘构件非阴影区拉筋（除图中有标注外）在竖向与水平钢筋交点处均设置，直径为 8mm。

层号	标高(m)	层高(m)
10	33.870	3.60
9	30.270	3.60
8	26.670	3.60
7	23.070	3.60
6	19.470	3.60
5	15.870	3.60
4	12.270	3.60
3	8.670	3.60
2	4.470	4.20
1	-0.030	4.50
-1	-4.530	4.50
-2	-9.030	4.50

底部加强部位

结构层楼面标高
结构层高
上部结构嵌固部位 -0.030

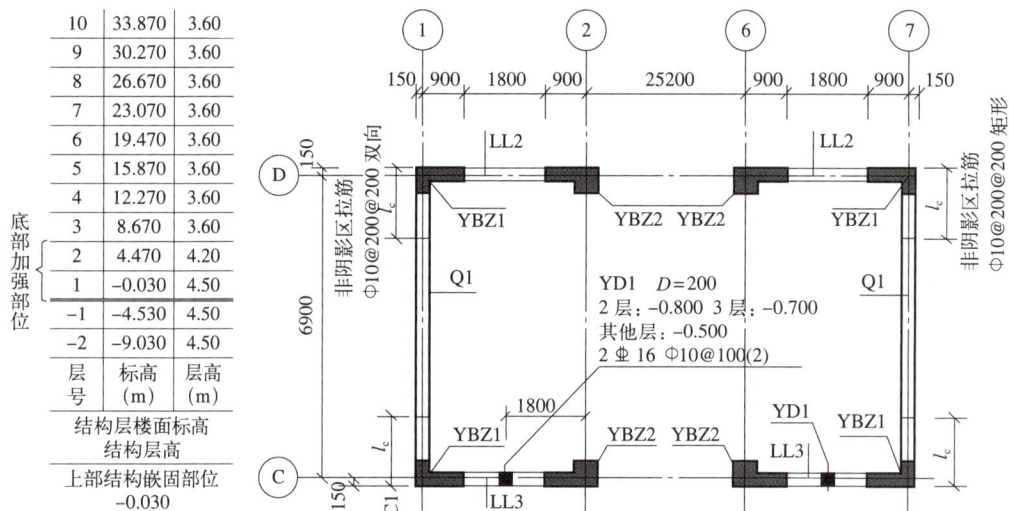

图 5-1　剪力墙平法施工图

剪力墙身表　　　　　　　　　　　　　　　　　表 5-1

编号	标高（m）	墙厚（mm）	水平分布筋	竖向分布筋	拉结筋（矩形）
Q1	-0.030 ~ 30.270	300	Φ12@200	Φ12@200	φ6@600@600
	30.270 ~ 59.070	250	Φ10@200	Φ10@200	φ6@600@600

剪力墙梁表　　　　　　　　　　　　　　　　　表 5-2

编号	所在楼层	梁顶相对标高 高差（m）	梁截面 $b \times h$ （mm×mm）	上部纵筋	下部纵筋	箍筋
LL2	2 ~ 9	0.800	300×2000	4 Φ22	4 Φ22	φ10@100（2）
	10 ~ 16	0.800	300×2000	4 Φ20	4 Φ20	φ10@100（2）
	屋面	0.800	250×2000	4 Φ20	4 Φ20	φ10@100（2）

剪力墙柱表 表 5–3

截面	编号	标高（m）	纵筋	箍筋
	YBZ1	−0.300 ~ 12.270	24 Φ 20	φ 10@100
	YBZ2	−0.300 ~ 12.270	22 Φ 20	φ 10@100

【学习支持】

（1）《建筑工程施工质量验收统一标准》GB 50300—2013；

（2）《混凝土结构工程施工质量验收规范》GB 50204—2015；

（3）《混凝土结构工程施工规范》GB 50666—2011；

（4）《混凝土结构施工图平面整体表示方法制图规则和构造详图（现浇混凝土框架、剪力墙、梁、板）》22G101—1；

（5）《混凝土结构施工钢筋排布规则与构造详图（现浇混凝土框架、剪力墙、梁、板）》18G901—1。

【项目实施】

1. 识读剪力墙平法施工图

剪力墙平法施工图是在剪力墙平面布置图上表示剪力墙的尺寸和配筋。剪力墙平法施工图采用列表注写方式或截面注写方式。图 5-1 采用列表注写方式。

列表注写方式是分别在剪力墙柱表、剪力墙身表和剪力墙梁表中，对应于剪力墙平面布置图上的编号，用绘制截面配筋图并注写几何尺寸与配筋具体数值的方式，来表达剪力墙平法施工图。

（1）认识剪力墙编号规定

将剪力墙按剪力墙柱、剪力墙身、剪力墙梁（简称"墙柱""墙身""墙梁"）三类构件分别编号。

1）墙柱编号由墙柱类型代号和序号组成，表达形式应符合表 5-4 墙柱编号的规定。

其中：约束边缘构件包括约束边缘暗柱（如图 5-2a 所示）、约束边缘端柱（如图 5-2b 所示）、约束边缘翼墙（如图 5-2c 所示）、约束边缘转角墙（如图 5-2d 所示）四种。

本项目 YBZ1 为约束边缘转角墙，YBZ2 为约束边缘端柱。

墙柱编号   表 5-4

墙柱类型	代号	序号
约束边缘构件	YBZ	××
构造边缘构件	GBZ	××
非边缘暗柱	AZ	××
扶壁柱	FBZ	××

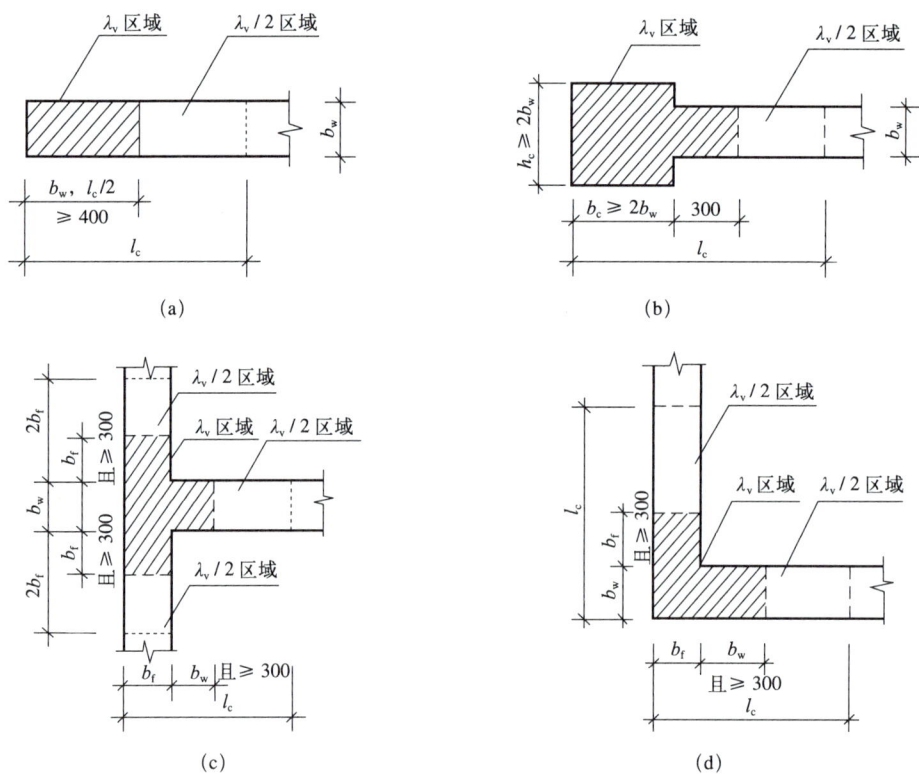

图 5-2　约束边缘构件

(a) 约束边缘暗柱；(b) 约束边缘端柱；(c) 约束边缘翼墙；(d) 约束边缘转角墙

2）墙身编号由墙身代号、序号以及墙身所配置的水平与竖向分布钢筋的排数组成。其中排数注写在括号内，表达形式为 Q××（×× 排）。当墙身所设置的水平与竖向分布筋的排数为 2 时可不注。

如本项目剪力墙身 Q1，没有标注排数，就表示剪力墙身 Q1 的水平与竖向分布筋的排数为 2。

3）墙梁编号由墙梁类型代号和序号组成，表达形式应符合表 5-5 墙梁编号的规定。

墙梁编号   表 5-5

墙柱类型	代号	序号
连梁	LL	××
连梁（跨高比不小于 5）	LLK	××
连梁（对角暗撑配筋）	LL（JC）	××
连梁（对角斜筋配筋）	LL（JX）	××
连梁（集中对角斜筋配筋）	LL（DX）	××
暗梁	AL	××
边框梁	BKL	××

（2）认识剪力墙柱、墙身、墙梁表

1）剪力墙柱表中表达的内容规定

①注写墙柱编号，绘制该墙柱的截面配筋图，标注几何尺寸。其中约束边缘构件需注明阴影部分尺寸。

②注写各段墙柱的起止标高，自墙柱根部往上以变截面位置或截面未变但配筋改变处为界分段注写。墙柱根部标高一般指基础顶面标高（部分框支剪力墙结构则为框支梁顶面标高）。

③注写各段墙柱的纵向钢筋和箍筋，注写值应与在表中绘制的截面配筋图对应一致。纵向钢筋注写总配筋值。墙柱箍筋的注写方式与柱箍筋相同。

约束边缘构件除注明阴影部位的箍筋外，尚需在剪力墙平面布置图中注写非阴影区内布置的拉筋（或箍筋）。

根据表 5-3，可知本项目剪力墙柱 YBZ1 为约束边缘构件，属于转角柱；纵筋采用 24 $\underline{\Phi}$ 20，箍筋采用 ϕ10@100；墙柱截面为 L 形，截面宽度为 300mm，长边长度为 1050mm，短边长度为 600mm。

2）剪力墙身表中表达的内容规定

①注写墙身编号（含水平与竖向分布钢筋的排数）。

②注写各段墙身的起止标高，自墙身根部往上以变截面位置或截面未变但配筋改变处为界分段注写。墙身根部标高一般指基础顶面标高（部分框支剪力墙结构则为框支梁顶面标高）。

③注写水平分布钢筋、竖向分布钢筋和拉结筋的具体数值。注写数值为一排水平分布钢筋和竖向分布钢筋的规格与间距，具体设置几排已经在墙身编号后面表达。拉结筋应注明布置方式"矩形"或"梅花形"，如图 5-3 所示（图中 a 为竖向分布钢筋间距，b 为水平分布钢筋间距）。

根据如图 5-1 所示剪力墙平法施工图，可知剪力墙墙身约束边缘构件沿墙肢的伸出长度 l_c 为 1400mm；拉筋采用 ϕ10@200@200，矩形布置。

根据表 5-1 剪力墙身表，可知本项目剪力墙墙身 Q1 为 2 排钢筋，标高在 –0.030 ～ 30.270m，水平分布筋采用 $\underline{\Phi}$12@200，竖向分布筋采用 $\underline{\Phi}$12@200，拉结筋采用 ϕ6@600@600 矩形。

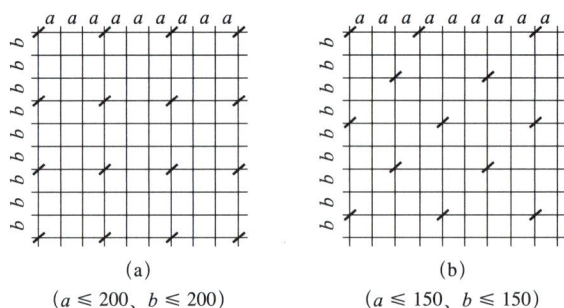

图5-3 矩形拉结筋与梅花形拉结筋示意图
(a) 拉结筋 @3a3b 矩形；(b) 拉结筋 @4a4b 梅花形

3）剪力墙梁表中表达的内容规定

①注写墙梁编号。

②注写墙梁所在楼层号。

③注写墙梁顶面标高高差，是指相对于墙梁所在结构层楼面标高的高差值。高者为正值，低者为负值，当无高差时不注。

④注写墙梁截面尺寸 $b \times h$、上部纵筋、下部纵筋和箍筋的具体数值。

根据表5-2 剪力墙梁，可知本项目剪力墙梁 LL2 为连梁，所在楼层为三层时，梁顶相对标高高差为 +0.800m，梁截面 $b \times h$ 为 300mm×2000mm，上部纵筋为 4 ⏀ 22，下部纵筋为 4 ⏀ 22，箍筋为 φ10@100，双肢箍。

2. 绘制钢筋翻样图

（1）绘制剪力墙墙柱钢筋翻样图

1）确定剪力墙约束边缘构件竖向钢筋连接位置

剪力墙边缘构件纵向钢筋连接可以采用绑扎搭接、机械连接和焊接连接，同一截面接头率不超过50%。绑扎搭接的接头至少错开 $1.3l_{lE}$，机械连接的接头至少错开 $35d$，焊接的接头至少错开 $35d$ 和 500mm 中的最大值，如图5-4 所示。

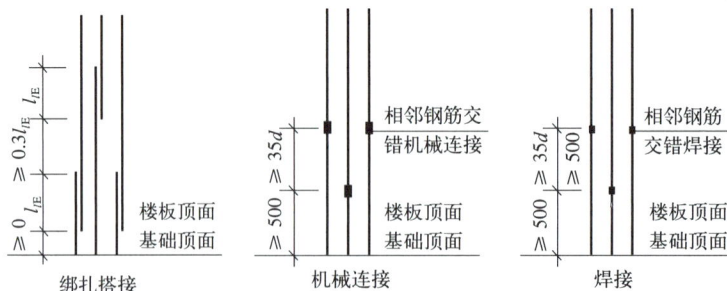

图5-4 剪力墙边缘构件竖向钢筋连接位置

其中：

①当不同直径的钢筋搭接时，搭接长度按较小直径计算；当不同直径的钢筋机械连接或焊接时，两批连接接头间距 $35d$ 按较小直径计算。

②端柱竖向钢筋连接和锚固要求与框架柱相同。

③当竖向钢筋为 HPB300 时，钢筋端头应加 180° 弯钩。

本项目 YBZ1 为约束边缘转角柱，竖向钢筋为 24 Φ 20，采用电渣压力焊连接方式，接头错开的距离为 $35d=35×20=700mm$，与 500mm 比较，取大值，得接头错开距离为 700mm。约束边缘转角柱的非阴影区的竖向钢筋采用绑扎搭接连接，接头的位置和绑扎搭接长度同剪力墙墙身。

2）认识剪力墙约束边缘构件钢筋排布构造

结合本项目实际情况，这里仅介绍剪力墙约束边缘转角墙、边缘端柱的构造。剪力墙约束边缘转角墙、边缘端柱的构造分为两种情况：一是非阴影区外圈设置封闭箍筋；二是墙体水平分布筋替代非阴影区外圈封闭箍筋位置并在非阴影区设置拉筋，如图 5-5、图 5-6 所示。

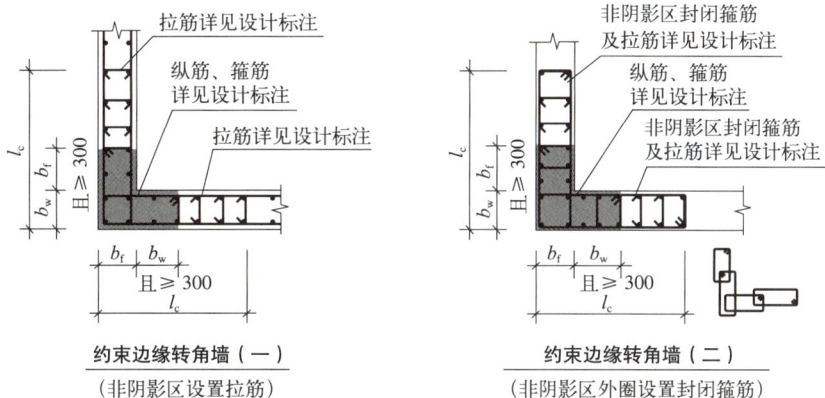

图 5-5 剪力墙约束边缘转角墙钢筋排布构造详图

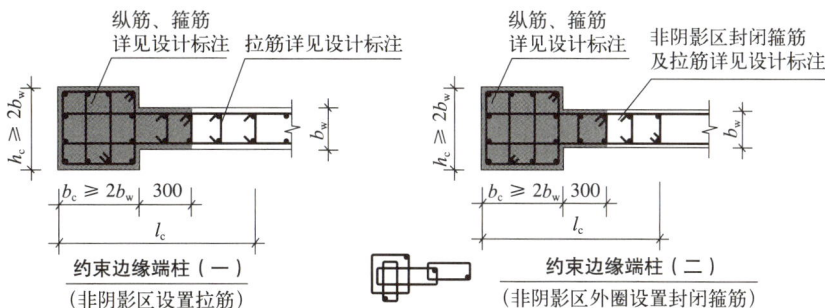

图 5-6 剪力墙约束边缘端柱钢筋排布构造详图

本项目的 YBZ1 采用图 5-5 中的非阴影区外圈设置封闭箍筋的位置采用墙体水平分布筋代替。

3）认识剪力墙约束边缘构件在楼板处的钢筋排布构造

剪力墙边缘构件和剪力墙身在楼板处的构造相同，分为 3 种情况，如图 5-7 所示。

图 5-7　剪力墙楼板处钢筋排布构造

其中：

①剪力墙层高范围最下一排水平分布钢筋距底部板顶 50mm，最上一排水平分布钢筋距顶部不大于 100mm。

②括号内尺寸用于非抗震。

本项目五层的剪力墙为等截面的形式，因此，剪力墙在楼板处的构造如图 5-7（a）所示。

4）剪力墙约束边缘构件非阴影区在竖向与水平钢筋交点处均设置拉筋。

5）绘制剪力墙墙柱钢筋翻样图。

对照 YBZ1 剪力墙柱与上述构造要求，绘制本项目 YBZ1 钢筋翻样图，并将各种钢筋进行编号，如图 5-8 所示。

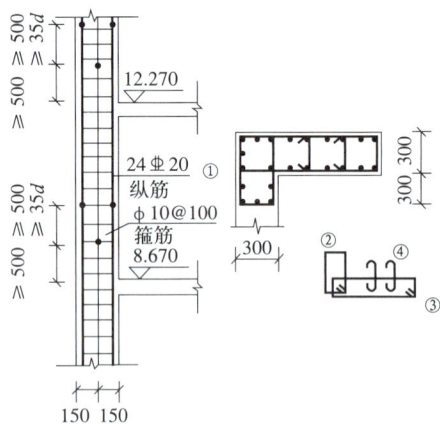

图 5-8　YBZ1 钢筋翻样图

（2）绘制剪力墙身钢筋翻样图

1）确定剪力墙身竖向分布钢筋连接位置

剪力墙身竖向钢筋连接可以采用绑扎搭接、机械连接和焊接，接头的位置设置如图 5-9 所示。

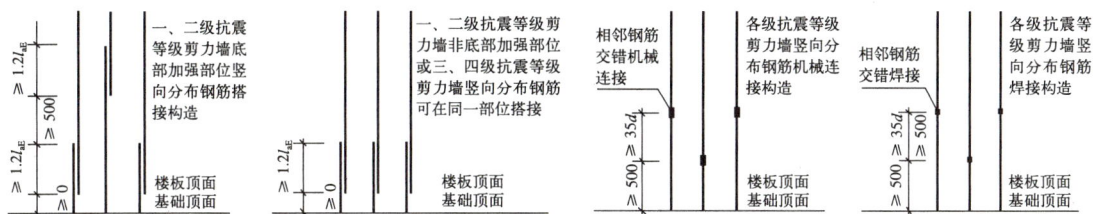

图 5-9　剪力墙身竖向分布钢筋连接构造

本项目的剪力墙身 Q1 竖向分布筋直径小于 14mm，采用绑扎搭接连接，抗震等级为三级，剪力墙混凝土强度等级为 C30，剪力墙身竖向钢筋绑扎搭接长度 $l_{lE}=1.2l_{aE}=1.2\times37d=1.2\times37\times12=533$mm。

2）计算剪力墙身水平分布钢筋搭接长度，并了解其锚固构造。

剪力墙身水平分布钢筋按照端部构件的形式不同，锚固构造方式有所不同。这里仅介绍和本项目有关的一些锚固构造要求，如图 5-10 所示。

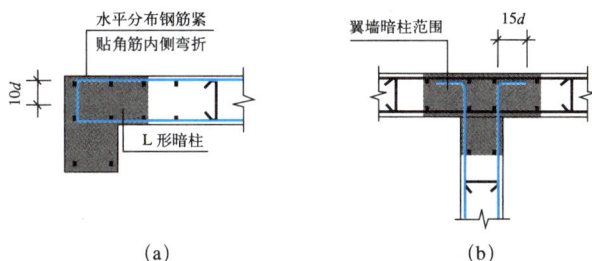

(a)　　　　　　　　　(b)

图 5-10　剪力墙身水平分布钢筋锚固构造
(a) 端部有 L 形暗柱时剪力墙水平分布钢筋端部做法；(b) 翼墙

本项目的剪力墙身 Q1 的端部为 L 形的暗柱墙，水平分布钢筋的锚固构造如图 5-10（a）所示。如果剪力墙身的端部为翼墙，则锚固构造如图 5-10（b）所示。

当剪力墙的水平分布筋需要采用绑扎搭接连接时，相邻上、下层水平分布钢筋应交错搭接，如图 5-11 所示。

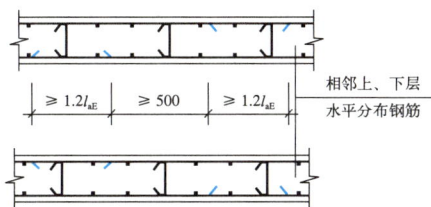

图 5-11　剪力墙水平分布钢筋交错搭接

本项目三级抗震，剪力墙混凝土强度等级为 C30，绑扎搭接长度 $l_{lE}=1.2l_{aE}=1.2\times37d=1.2\times37\times12=533$mm。

3）剪力墙身在楼板处的钢筋排布构造同剪力墙约束边缘构件在楼板处的钢筋排布构造。

4）认识剪力墙身拉结筋排布构造。

剪力墙身拉结筋的排布设置有梅花形、矩形两种形式，当设计未注明时，宜采用梅花形排布方案，如图5-12所示。其中 a 为竖向分布钢筋间距；b 为水平分布钢筋间距。

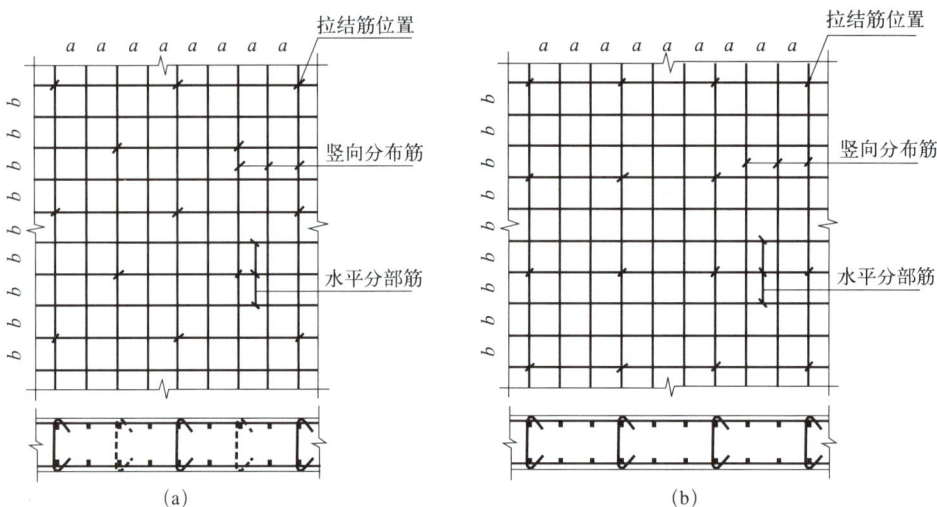

图5-12　剪力墙墙身拉结筋排布构造
(a) 拉结筋 @4a@4b 梅花（$a \leqslant 150$，$b \leqslant 150$）；(b) 拉结筋 @3a@3b 矩形（$a \leqslant 200$，$b \leqslant 200$）

拉筋的排布：层高范围由底部板顶向上第二排水平分布筋处开始设置，至顶部板底向下第一排水平分布筋处终止；墙身宽度范围由距边缘构件边第一排墙身竖向分布筋处开始设置。位于边缘构件范围的水平分布筋也应设置拉筋，此范围拉筋间距不大于墙身拉结筋间距。

墙身拉结筋应同时勾住竖向分布筋与水平分布筋，当墙身分布筋多于两排时，拉结筋应与墙身内部的每排竖向和水平分布筋同时牢固绑扎。

拉结筋用作剪力墙分布钢筋（约束边缘构件沿墙肢长度 l_c 范围以外，构造边缘构件范围以外）间拉结时，可采用图5-13中两种构造做法。当采用图5-13 (b) 中构造做法时，拉结筋需交错布置。

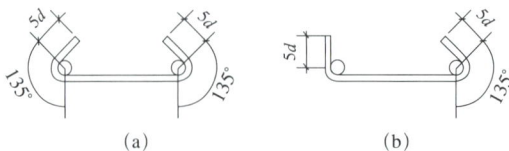

图5-13　拉结筋构造详图
(a) 两侧135°弯钩；(b) 一侧135°，一侧90°弯钩

本项目的剪力墙身 Q1 的拉结筋为双向即矩形，间距 600mm。进行下料长度计算时，选用如图 2-8 所示拉筋形式。

5）绘制剪力墙身钢筋翻样图

对照 Q1 剪力墙身与上述构造要求，绘制本项目 Q1 钢筋翻样图，并将各种钢筋进行编号，如图 5-14 所示。

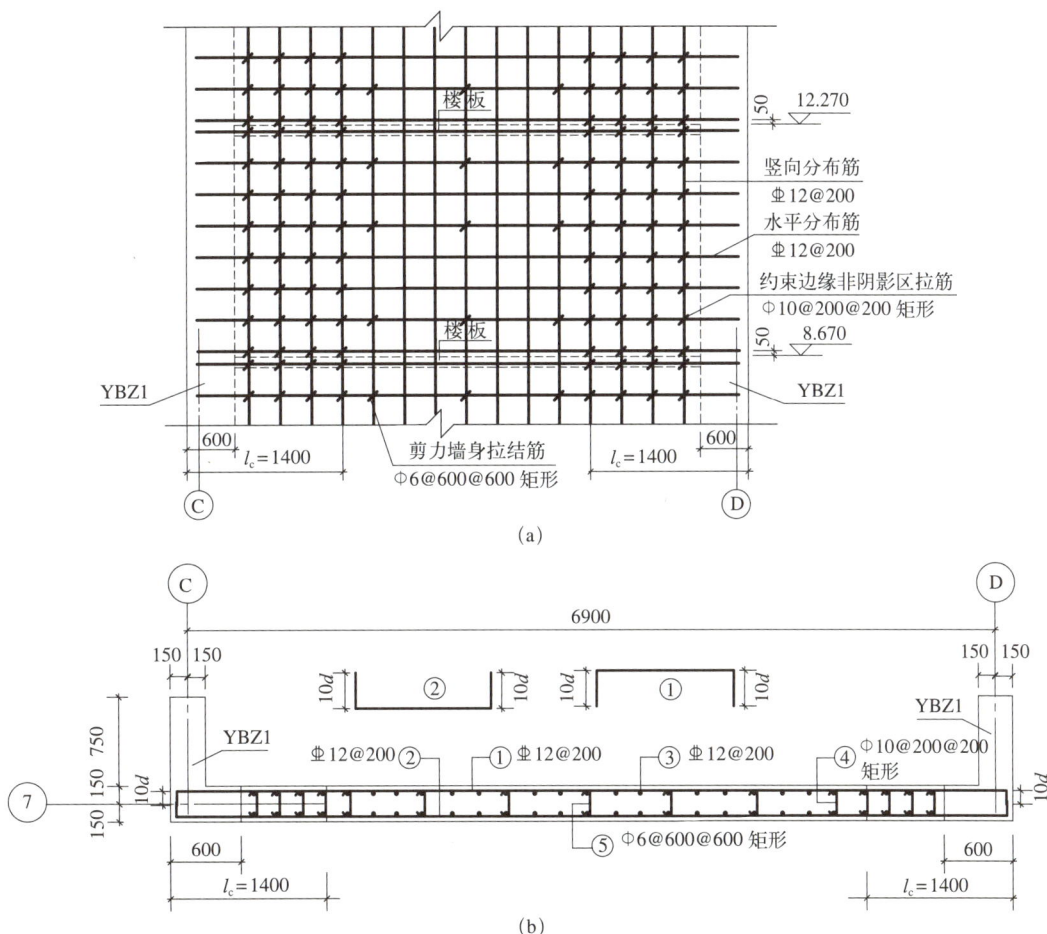

(a)

(b)

图 5-14　Q1 钢筋翻样图

(a) Q1 正立面配筋图；(b) Q1 平面配筋图

(3) 绘制剪力墙梁钢筋翻样图

1）认识楼层处的剪力墙连梁钢筋排布构造

剪力墙连梁的纵向受力钢筋在端支座的锚固可以分为直锚和弯锚两种形式，如图 5-15 所示，当洞口处连梁的纵向钢筋在端支座的直锚长度 $\geqslant l_{aE}$（l_a）且 $\geqslant 600$mm 时，可不必往上（下）弯折。

本项目三级抗震，剪力墙混凝土强度等级为 C30，$l_{aE}=37d=37 \times 22=814$mm，而端支座的长度都是 1050mm，因此采用直锚的方式。锚固的长度 $\geqslant l_{aE}$ 且 $\geqslant 600$mm，取 814mm。

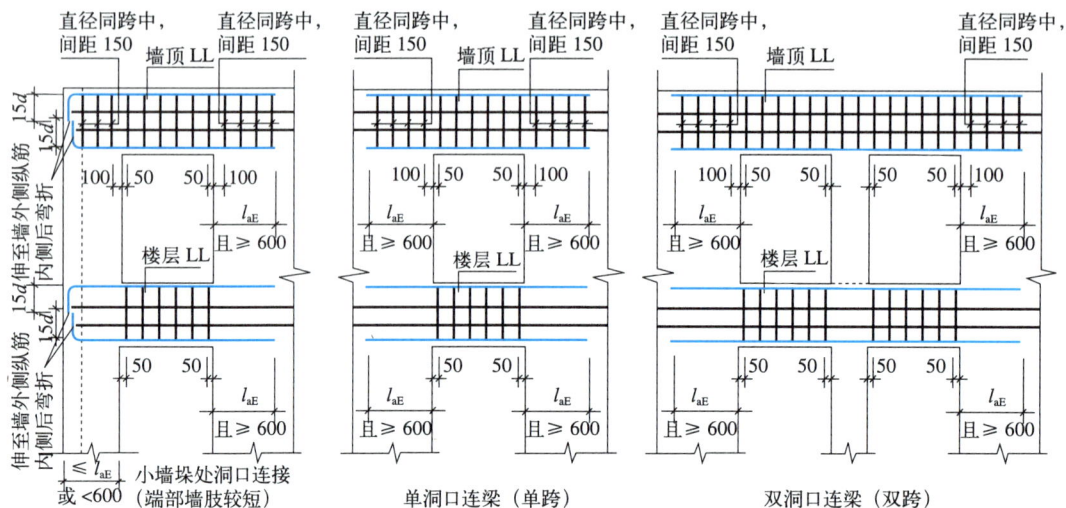

图 5-15　连梁 LL 配筋构造

　　本项目LL2的梁顶相对标高差为0.800m，因此，该连梁为跨层连梁，而且上下层的墙身截面未变化，连梁LL2的钢筋排布构造如图5-16所示。

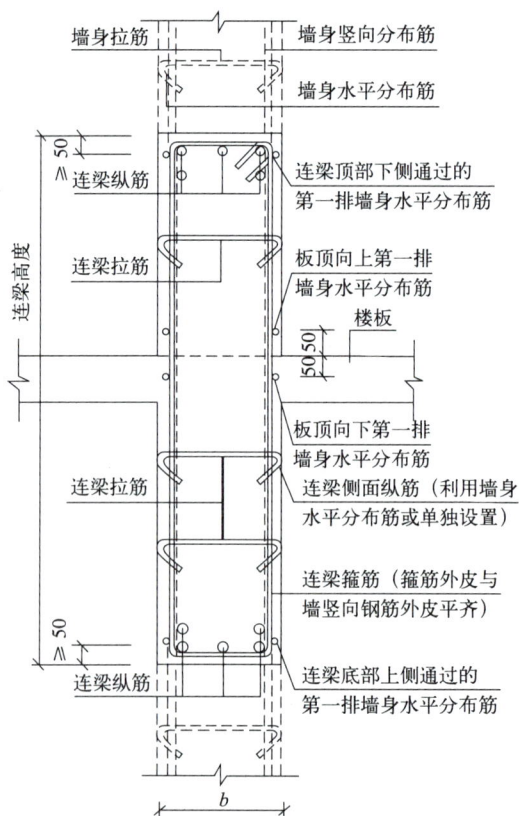

图 5-16　跨层连梁的钢筋排布构造

连梁的拉筋直径：当梁宽 ≤ 350mm 时为 6mm，梁宽 >350mm 时为 8mm，拉筋间距为两倍箍筋间距，竖向沿侧面水平筋隔一拉一。

2）绘制剪力墙梁钢筋翻样图

对照连梁 LL2 与上述构造要求，绘制本项目 LL2 钢筋翻样图，并对各种钢筋进行编号，如图 5-17 所示。

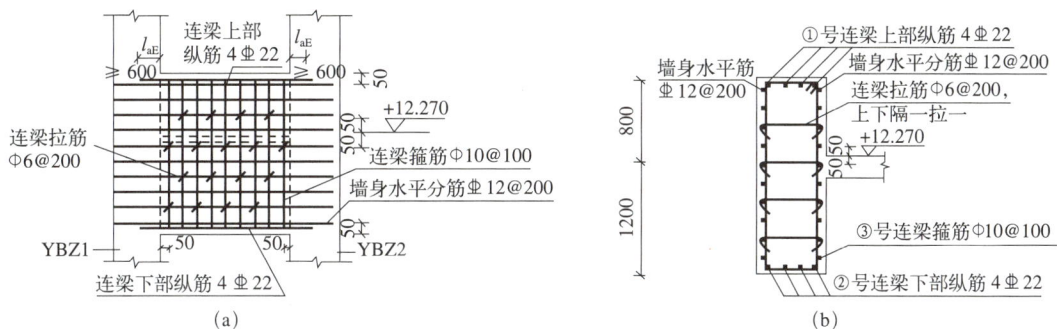

图 5-17　LL2 钢筋翻样图

（a）连梁 LL2 正立面配筋图；（b）连梁 LL2 剖面配筋图

3. 下料长度计算

剪力墙中的钢筋主要有直钢筋、弯折钢筋、箍筋、拉筋等，各种钢筋下料长度计算如下：

其中，弯钩增加值见项目 1；弯曲调整值见表 2-2。

若钢筋需要搭接，还应增加钢筋搭接长度。

（1）墙柱 YBZ1 钢筋下料长度计算

1）①号纵向钢筋的下料长度计算

中间层墙柱纵筋长度 = 本层层高 + 伸入上层的搭接长度（采用绑扎搭接接头时）+

弯钩增加值

本项目的墙柱 YBZ1 的纵筋采用电渣压力焊，为 HRB400 级钢，因此，①号纵向钢筋的下料长度 = 本层层高 =3600mm。①号纵向钢筋的根数为 24 根。

2）②号箍筋的下料长度计算

②号箍筋的下料长度 = 箍筋的外包尺寸 - 弯曲调整值 + 弯钩增加值

$$= (300+600) \times 2-8 \times 20-3 \times 2 \times 10+[1.9d+\max (10d，75)] \times 2$$
$$= 1818mm$$

②号箍筋的根数 =（层高 - 50×2）/ 间距 +1 =（3600-50×2）/100+1=36 根

3）③号箍筋的下料长度计算方法同②号箍筋

③号箍筋的下料长度 =（300+1050）×2-8×20-3×2×10+[1.9d+max（10d，75）]×2
$$= 2718mm$$

③号箍筋的根数计算方法同②号箍筋，根数 =（3600-50×2）/100+1=36 根

4）④号单肢箍（拉筋）的下料长度计算

④号单肢箍（拉筋）的下料长度 = 拉筋的外包尺寸 + 弯钩增加值

$$= 300-20 \times 2+11.9 \times 10 \times 2=498mm$$

④号单肢箍（拉筋）的根数 =（层高 –50×2）/间距 +1 =（3600–50×2）/100+1 = 36 根，YBZ1 合计用 36×2=72 根拉筋。

（2）墙身 Q1 钢筋的下料长度计算

1）①号水平分布钢筋的下料长度计算

水平分布钢筋的下料长度＝构件尺寸 – 保护层 – 暗柱箍筋直径 – 暗柱纵筋直径 – 弯曲调整值 + 弯钩增加值 =（6900+150×2）– 20×2–10×2–20×2–2×12（水平分布筋的直径，同排水平分布钢筋弯折部分搭接时考虑）– 2×12×2+10×12×2=7268mm

①号水平分布钢筋的根数 =（层高 – 50×2）/ 间距 +1 =（3600–50×2）/ 200+1 = 19 根

2）②号水平分布钢筋的下料长度计算方法同①号水平分布钢筋

②号水平分布钢筋的下料长度 =（6900+150×2）– 20×2–10×2–20×2–2×12×2+10×12×2=7292mm

②号水平分布钢筋的根数同①号水平分布钢筋的根数，共 19 根。

3）③号竖向分布钢筋的下料长度计算

中间层墙身竖向分布钢筋下料长度 = 本层层高 + 伸入上层的搭接长度 + 弯钩增加值

$$= 3600+1.2 \times 37d+0=4133mm。$$

注：HRB400 级钢，末端不需要做弯钩。

③号竖向分布钢筋的根数 =（6900+150×2–600×2）/ 200–1 = 29 根

双排筋，因此③号竖向分布钢筋共 58 根。

4）④号单肢箍（拉筋）的下料长度计算

④号单肢箍（拉筋）的下料长度 = 拉筋的外包尺寸 + 弯钩增加值

$$= 300-20 \times 2+11.9 \times 10 \times 2=498mm$$

④号单肢箍（拉筋）的根数：

④号单肢箍（拉筋）为约束边缘构件非阴影区拉筋，按 φ10@200@200 矩形排布，在竖向与水平钢筋交点处均设置，因此，拉筋共有（3600–50×2）/200+1 = 19 排。

$$每排拉筋的根数 =（1400-600）/ 200 \times 2=8 根$$

因此，④号单肢箍（拉筋）的根数为 8×19=152 根。

5）⑤号单肢箍（拉筋）（φ6@600@600 矩形）的下料长度计算方法同④号单肢箍（拉筋）

⑤号单肢箍（拉筋）的下料长度 =300–20×2+[1.9d+max（10d，75）]×2=433mm

⑤号单肢箍（拉筋）的根数：

墙身拉筋的排布：层高范围由底部板顶向上第二排水平分布筋处开始设置，至顶部板底向下第一排水平分布筋处终止；墙身宽度范围由距边缘构件边第一排墙身竖向分布筋处开始设置。每排拉筋的根数（6900+150×2–1400×2–200×2）/600+1=7.7，取整数 8 根，需要布置墙身拉筋的共有（3600–50–200–50–200）/ 600+1 = 7 排。因此，⑤号单肢箍拉筋的根数为 7×8=56 根。

（3）墙梁 LL2 钢筋下料计算（此处不包括梁侧面的墙身水平分布筋和拉筋，计算方法与剪力墙的水平分布筋和拉筋相同）

1）①号连梁上部纵筋的下料长度计算

梁上部纵筋的下料长度 = 连梁净跨长度 + 两端支座锚固长度 − 弯曲调整值 + 弯钩增加值

$$= 1800+814×2-0+0=3428mm$$

2）②号连梁下部纵筋的下料长度计算方法同①号连梁上部纵筋

②号连梁下部纵筋的下料长度为 3428mm。

3）③号连梁箍筋的下料长度计算

③号连梁箍筋的下料长度 = 箍筋的外包尺寸 − 弯曲调整值 + 弯钩增加值

$$= (300-20×2-12×2)×2+(2000-20×2)×2-3×2×10+$$
$$[1.9d+\max(10d，75)]×2$$
$$= 4570mm$$

③号连梁箍筋的根数 = （连梁净跨长度 −50×2）/ 间距 +1 = (1800−50×2)/100+1=18 根

4.填写配料单

根据钢筋下料长度和识图结果，填写剪力墙 YBZ1、Q1、LL2 钢筋配料单，见表 5-6。

钢筋配料单 表 5-6

工程名称：某高层

构件名称（数量）：剪力墙

构件编号：YBZ1、Q1、LL2

钢筋编号	钢筋规格	钢筋简图	下料长度(mm)	根数(根)	总长(m)	每米钢筋重(kg/m)	总重量(kg)	备注
剪力墙柱 YBZ1（1 个）								
①	Φ 20	3600	3600	24	86.400	2.468	213.235	
②	φ 10	260 / 560	1818	36	65.448	0.617	40.381	
③	φ 10	1010 / 260	2718	36	97.848	0.617	60.372	
④	φ 10	260	498	72	35.856	0.617	22.123	
剪力墙身 Q1								
①	Φ 12	120 7076 120	7268	19	138.092	0.889	122.764	
②	Φ 12	120 7100 120	7292	19	138.548	0.889	123.169	

续表

钢筋编号	钢筋规格	钢筋简图	下料长度 (mm)	根数 (根)	总长 (m)	每米钢筋重 (kg/m)	总重量 (kg)	备注
剪力墙身 Q1								
③	⊈ 12	4133	4133	58	239.714	0.889	213.106	
④	φ 10	260	498	152	75.696	0.617	46.704	
⑤	φ 6	260	433	56	24.248	0.222	5.383	
剪力墙梁 LL2								
①	⊈ 22	3428	3428	4	13.712	2.986	40.944	
②	⊈ 22	3428	3428	4	13.712	2.986	40.944	
③	φ 10	236 1960	4570	18	82.260	0.617	50.754	
汇总：φ6：5.383kg φ10：220.334kg ⊈12：459.039kg ⊈20：213.235kg ⊈22：81.888kg								

编制人：×××　　　年级专业：×××　　　学号：×××　　　编制日期：××××年××月××日

【能力测试】

1.填空题

（1）剪力墙施工图的注写方式包括（　　）和（　　）。

（2）墙柱编号 YBZ2 的符号意义为（　　）。

（3）剪力墙拉筋的布置方式有（　　）或（　　）。

2.选择题

（1）剪力墙边缘构件纵向钢筋连接的位置（除绑扎搭接）至少高于楼板顶面（　　）mm。

A. 500　　　B.600　　　C.700　　　D.1000

（2）当剪力墙竖向钢筋为 HPB300 时，钢筋端头应加（　　）弯钩。

A. 90°　　　B. 135°　　　C. 60°　　　D. 180°

（3）剪力墙层高范围最下一排水平分布钢筋距底部板顶（　　）mm，最上一排水平分布钢筋距顶部不大于（　　）mm。

A. 100　100　　　B.50　100　　　C.50　50　　　D.100　50

【实践活动】

1.活动任务

某剪力墙结构，三级抗震设防，上部剪力墙混凝土强度等级为 C30，板厚100mm，剪力墙混凝土保护层厚度 15mm。剪力墙平法施工图（局部）如图 5-18 所示，剪力墙身、剪力墙梁、剪力墙柱的信息见表 5-7～表 5-9 所示。根据该施工图，计算标准层三层 Q2、YBZ4、LL4 的钢筋下料长度，并填写钢筋配料单。根据设计要求剪力墙结构中钢筋直径大于 14mm 的竖向钢筋采用电渣压力焊，水平钢筋采用机械连接；直径小于且等于 14mm 的钢筋采用绑扎搭接连接。剪力墙身约束边缘构件沿墙肢的伸出长度 l_c 为 1300mm；约束边缘构件非阴影区拉筋（除图中有标注外）：竖向与水平钢筋交点处均设置，直径为 8mm。

层号	标高 (m)	层高 (m)
10	33.870	3.60
9	30.270	3.60
8	26.670	3.60
7	23.070	3.60
6	19.470	3.60
5	15.870	3.60
4	12.270	3.60
3	8.670	3.60
2	4.470	4.20
1	-0.030	4.50
-1	-4.530	4.50
-2	-9.030	4.50

底部加强部位（1～2 层）

结构层楼面标高
结构层高
上部结构嵌固部位 -0.030

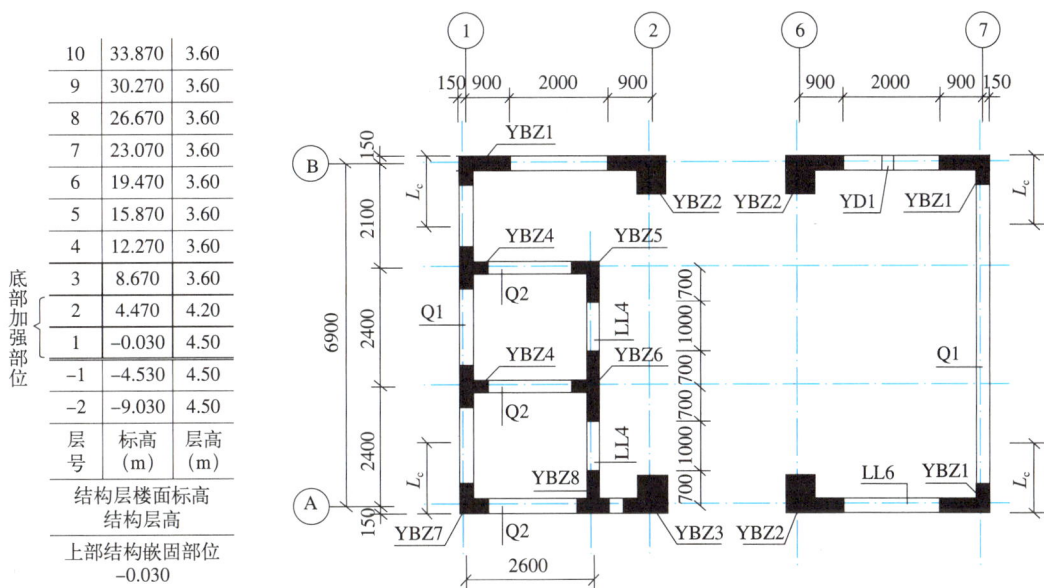

图 5–18　剪力墙平法施工图

剪力墙身表　　　　表 5-7

编号	标高（m）	墙厚（mm）	水平分布筋	竖向分布筋	拉筋（矩形）
Q2	-0.030～30.270	250	Φ10@200	Φ10@200	φ6@600@600
	30.270～59.070	200	Φ10@200	Φ10@200	φ6@600@600

剪力墙梁表　　　　表 5-8

编号	所在楼层	梁顶相对标高高差	梁截面 $b \times h$（mm×mm）	上部纵筋	下部纵筋	箍筋
LL4	2		250×2070	3Φ20	3Φ20	φ10@120（2）
	3		250×1770	3Φ20	3Φ20	φ10@120（2）
	4～屋面		250×1170	3Φ20	3Φ20	φ10@120（2）

剪力墙柱表   表 5-9

截面	编号	标高	纵筋	箍筋
	YBZ4	-0.30 ~ 12.270	20 ⊈ 20	φ 10@100
	YBZ5	-0.30 ~ 12.270	20 ⊈ 20	φ 10@100

2. 活动组织

项目实施中，对学生进行分组，4 ~ 5 人组成 1 个工作小组，组长进行任务分配。各小组制定实施方案及工作计划，组长指导本组学生学习，检查项目进程和质量，制定改进措施，共同完成项目任务。

3. 活动时间

4 学时。

4. 活动工具

图集、规范、计算器、铅笔、三角板。

5. 活动评价

钢筋配料单填写完成后，对钢筋的下料进行质量检验，具体检验方法见表 5-10。

钢筋翻样质量要求及检验方法   表 5-10

序号	项目	允许偏差	评分标准（分值待定）	检验方法	标准分	得分
1	钢筋的下料长度	按图纸规定	长度错 1 根扣 1 分	查看资料	40	
2	每种钢筋的数量	按图纸规定	每 1 种钢筋数量有错扣 1 分	查看资料	30	
3	钢筋简图、尺寸		错 1 处扣 1 分	查看资料	20	
4	配料单书写		书写不工整扣 2 分	查看资料	10	
5	工效		不能按规定时间完成本项无分，每提前 10 分钟加 1 分，最多加 4 分	计时	10	
6	合计				100	

项目6
楼梯钢筋翻样

项目 6 思维导图

【项目概述】

楼梯作为建筑中楼层间垂直交通的主要构件，在现代建筑领域中广泛应用，且产生了形式多样的衍生楼梯结构，例如螺旋楼梯、剪刀式楼梯等。楼梯的形式种类繁多，根据构造形式的不同，可以将楼梯分为板式楼梯和梁式楼梯两类。板式楼梯由混凝土板直接浇筑而成，纵向荷载由板承担，主要由踏步板（斜板）、平台梁和平台板组成。梁式楼梯就是在楼梯板下有梁的板式楼梯，纵向荷载由梁承担，主要由踏步板（斜板）、斜梁、平台梁和平台板组成。

本项目主要根据《混凝土结构施工图平面整体表示方法制图规则和构造详图（现浇混凝土板式楼梯）》22G101—2 进行学习。图集中现浇混凝土板式楼梯包括 12 种类型，其中 AT、BT、CT、DT、ET、FT、GT 用于不参与主体结构抗震计算的楼梯，ATc 用于框架中参与主体结构抗震计算的楼梯，ATa、ATb、CTa、CTb 用于采取滑动措施减轻楼梯对主体（框架）影响的楼梯。

本项目以一个 AT 型板式楼梯为例，从识读施工图纸开始，掌握钢筋混凝土 AT 型板式楼梯梯板的配筋构造要求，进行楼梯梯板下料长度的计算，完成钢筋配料单。

【学习目标】

通过本项目的学习，你将能够：

（1）理解《混凝土结构施工图平面整体表示方法制图规则和构造详图（现浇混凝土板式楼梯）》16G101—2 平法图集，能熟练识读有关 AT 型板式楼梯结构施工图纸；

（2）理解钢筋混凝土 AT 型板式楼梯的配筋构造要求；

（3）掌握钢筋混凝土 AT 型板式楼梯的钢筋翻样方法；

（4）计算钢筋混凝土 AT 型板式楼梯的钢筋下料长度；

（5）正确填写钢筋混凝土 AT 型板式楼梯的配料单。

【项目描述】

现有一现浇双跑平行楼梯，抗震等级为三级，楼梯采用 C30 混凝土整体浇筑，按铰接设计，板混凝土保护层厚为 15mm，梯梁的截面尺寸为 200mm×300mm，梯梁混凝土保护层厚为 20mm，梯梁箍筋直径 10mm，楼梯平面中各项尺寸标注如图 6-1 所示。根据该施工图，计算 AT3 楼梯标高 5.370～7.170m 范围的一跑梯板钢筋的下料长度，并填写钢筋配料单。

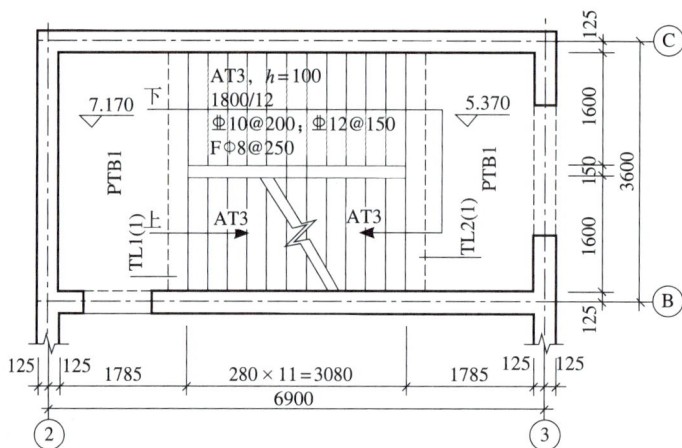

图 6-1　某工程现浇双跑平行 5.370～7.170m 楼梯平面图

【学习支持】

（1）《建筑工程施工质量验收统一标准》GB 50300—2013；

（2）《混凝土结构工程施工质量验收规范》GB 50204—2015；

（3）《混凝土结构工程施工规范》GB 50666—2011；

（4）《混凝土结构施工图平面整体表示方法制图规则和构造详图（现浇混凝土板式楼梯）》22G101—2；

（5）《混凝土结构施工钢筋排布规则与构造详图（现浇混凝土板式楼梯）》18G901—2。

【项目实施】

1. 识读平法施工图

梯板的注写方式参见《混凝土结构施工图平面整体表示方法制图规则和构造详图（现浇混凝土板式楼梯）》22G101—2，与楼梯相关的平台板、梯梁、梯柱的注写方式参见《混凝土结构施工图平面整体表示方法制图规则和构造详图（现浇混凝土框架、剪力墙、梁、板）》22G101—1。

（1）板式楼梯类型和特征

《混凝土结构施工图平面整体表示方法制图规则和构造详图（现浇混凝土板式楼

梯)》22G101—2 中楼梯包含 14 种类型，每种楼梯的注写由梯板类型代号和序号组成：如 AT××、BT××、ATa×× 等，如图 6-2 所示。每种类型楼梯的特征分别为：

AT 型梯板全部由踏步段构成。

BT 型梯板由低端平板和踏步段构成。

CT 型梯板由踏步段和高端平板构成。

DT 型梯板由低端平板、踏步段和高端平板构成。

ET 型梯板由低端踏步段、中位平板和高端踏步段构成。

FT 型梯板是由层间平板、踏步段和楼层平板构成的两跑楼梯。

GT 型梯板是由层间平板、踏步段构成的两跑楼梯。

ATa、ATb 型为带滑动支座的板式楼梯，梯板全部由踏步段构成，其梯板高端均支承在梯梁上，ATa 型梯板低端带滑动支座支承在梯梁上，ATb 型梯板低端带滑动支座支承在挑板上。ATc 梯板全部由踏步段构成，其梯板两端均支承在梯梁上。BTb 型为带滑动支座的板式楼梯，楼梯由踏步板和低端平板构成。CTa、CTb 型为带滑动支座的板式楼梯，梯板由踏步段和高端平板构成，其梯板高端均支承在梯梁上，CTa 型梯板低端带滑动支座支承在梯梁上，CTb 型梯板低端带滑动支座支承在挑板上。DTb 型为带滑动支座的板式楼梯，楼板由低端平板、踏步板和高端平板构成。

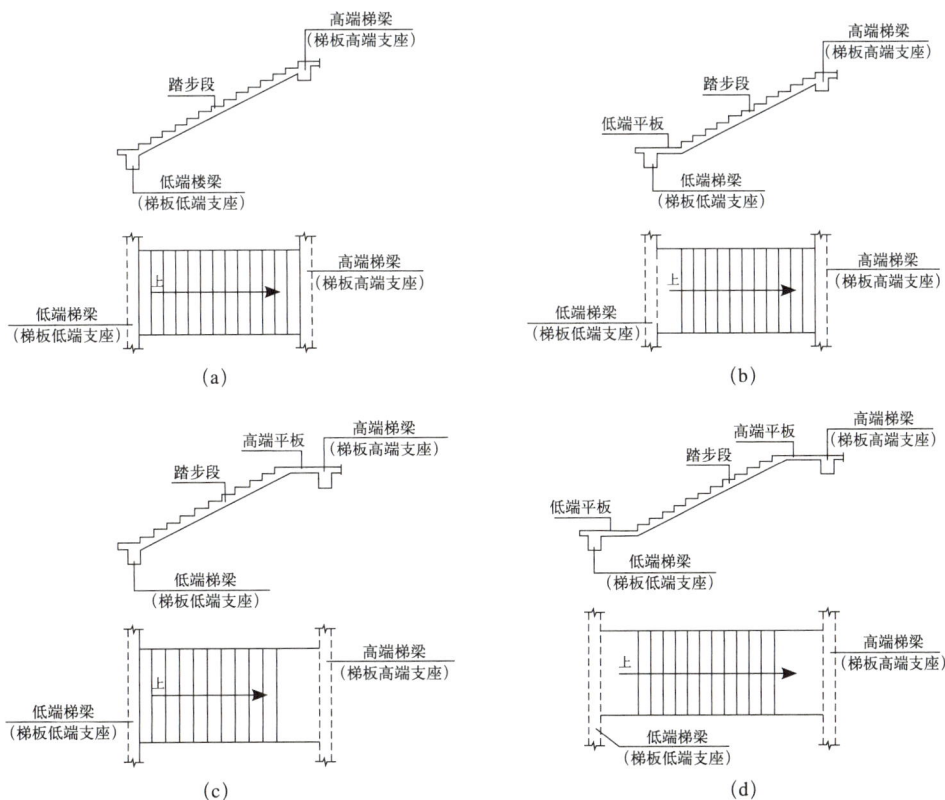

图 6-2　楼梯截面形状与支座位置示意图（一）
(a) AT 型；(b) BT 型；(c) CT 型；(d) DT 型

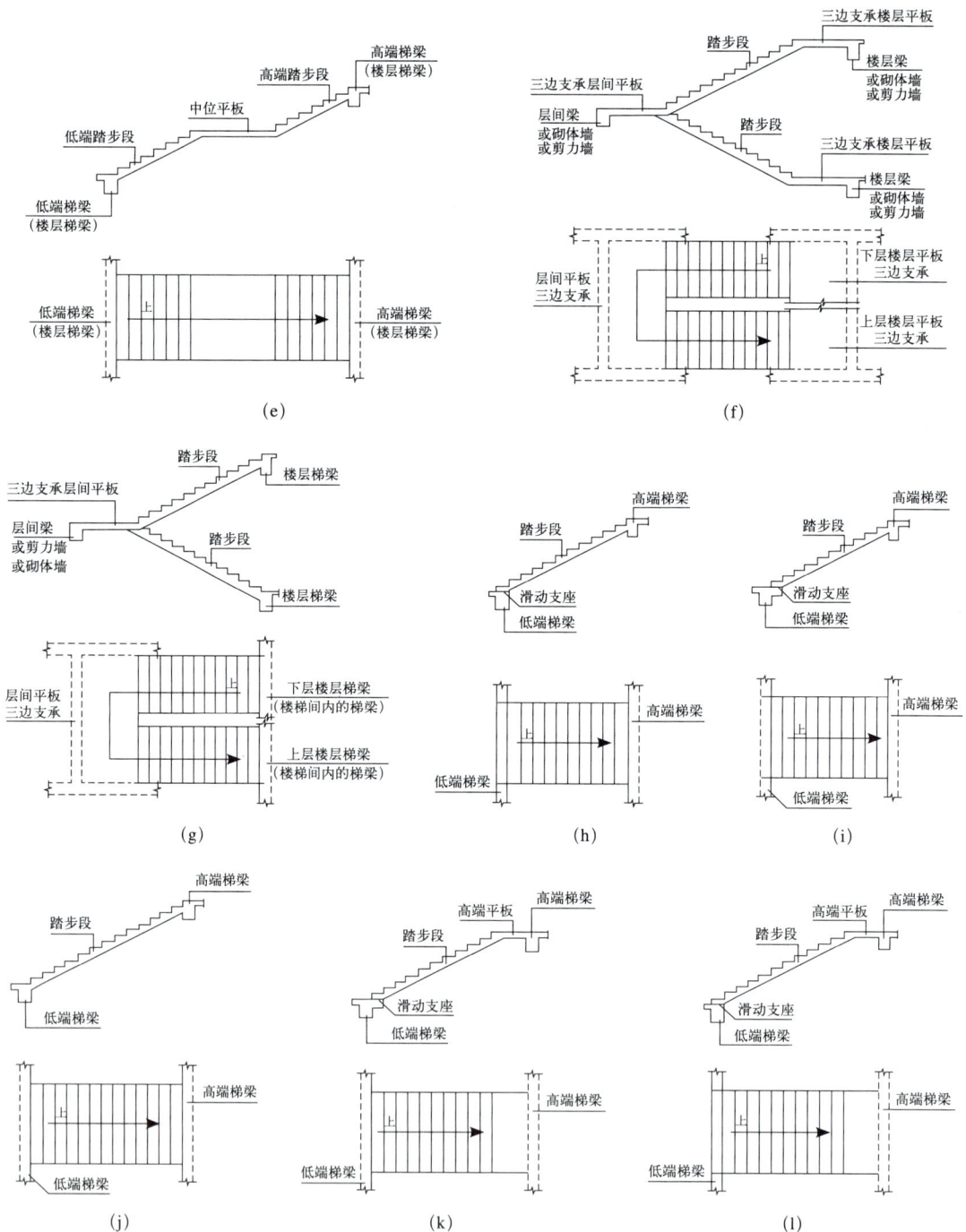

图 6-2 楼梯截面形状与支座位置示意图（二）

（e）ET 型；（f）FT 型（有层间和楼层平台板的双跑楼梯）；（g）GT 型（有层间平台板的双跑楼梯）；
（h）ATa 型；（i）ATb 型；（j）ATc 型；（k）CTa 型；（l）CTb 型

本项目采用 AT 型梯板。

（2）现浇混凝土板式楼梯平法施工图有平面注写、剖面注写和列表注写三种表达方式。本项目采用的是平面注写方式。

平面注写方式，用在楼梯平面布置图上注写截面尺寸和配筋具体数值的方式来表达楼梯施工图，包括集中标注和外围标注，如图 6-3 所示。

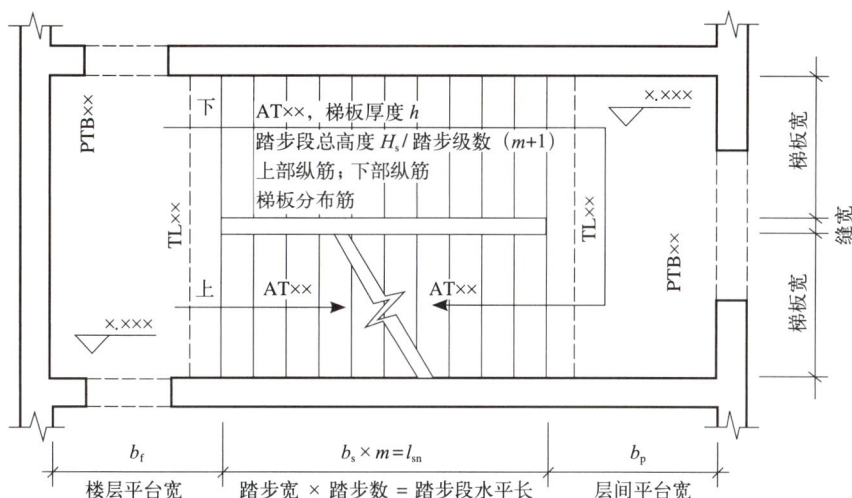

图 6-3　某工程楼梯平面图的注写方式

1）楼梯集中标注的内容具体规定如下：

①梯板类型代号与序号，如 AT××。

②梯板厚度，注写为 $h=×××$。当为带平板的梯板且梯段板厚度和平板厚度不同时，可在梯段板厚度后面括号内以字母 P 打头注写平板厚度。

如 $h=130$（P150），130 表示梯段板厚度，150 表示梯板平板段的厚度。

③踏步段总高度和踏步级数，之间以"/"分隔。

④梯板支座上部纵筋、下部纵筋，之间以"；"分隔。

⑤梯板分布筋，以 F 打头注写分布钢筋具体值，该项也可在图中统一说明。

如图 6-1 中梯板类型及配筋的完整标注情况如下：

AT3，$h=100$ 表示 AT 型梯板，编号为 3，梯板板厚为 100mm；

1800/12 表示踏步段总高度 1800mm，踏步级数 12 级；

$\Phi 10@200$；$\Phi 12@150$ 表示上部纵筋为 HRB400 级钢筋，直径 10mm，间距 200mm；下部纵筋为 HRB400 级钢筋，直径 12mm，间距 150mm；

$F\phi 8@250$ 表示梯板分布筋为 HPB300 级钢筋，直径 8mm，间距 250mm。

⑥对于 ATc 型楼梯尚应注明梯板两侧边缘构件纵向钢筋及箍筋。

2）楼梯外围标注的内容，包括楼梯间的平面尺寸、楼层结构标高、层间结构标高、楼梯的上下方向、梯板的平面几何尺寸、平台板配筋、梯梁及梯柱配筋等。

从本项目的平面图标注可以获得以下与梯板钢筋下料长度计算有关的信息：

踏步宽度 $b_s=280mm$；

踏步高度 $h_s = 150\text{mm}$；

踏步段水平长 $l_{sn} = 280 \times 11 = 3080\text{mm}$；

梯板宽度 $b_n = 1600\text{mm}$。

2. 绘制楼梯钢筋翻样图

图 6-4 为 AT 型楼梯钢筋构造图，从图中分析可得，AT 型楼梯梯板的钢筋分别由四部分组成：梯板下部纵筋、梯板低端扣筋、梯板高端扣筋、梯板分布筋。因此在进行 AT 型楼梯梯板钢筋下料时，应分为四部分进行计算，分别是梯板下部纵筋→梯板低端扣筋→梯板高端扣筋→梯板分布筋。

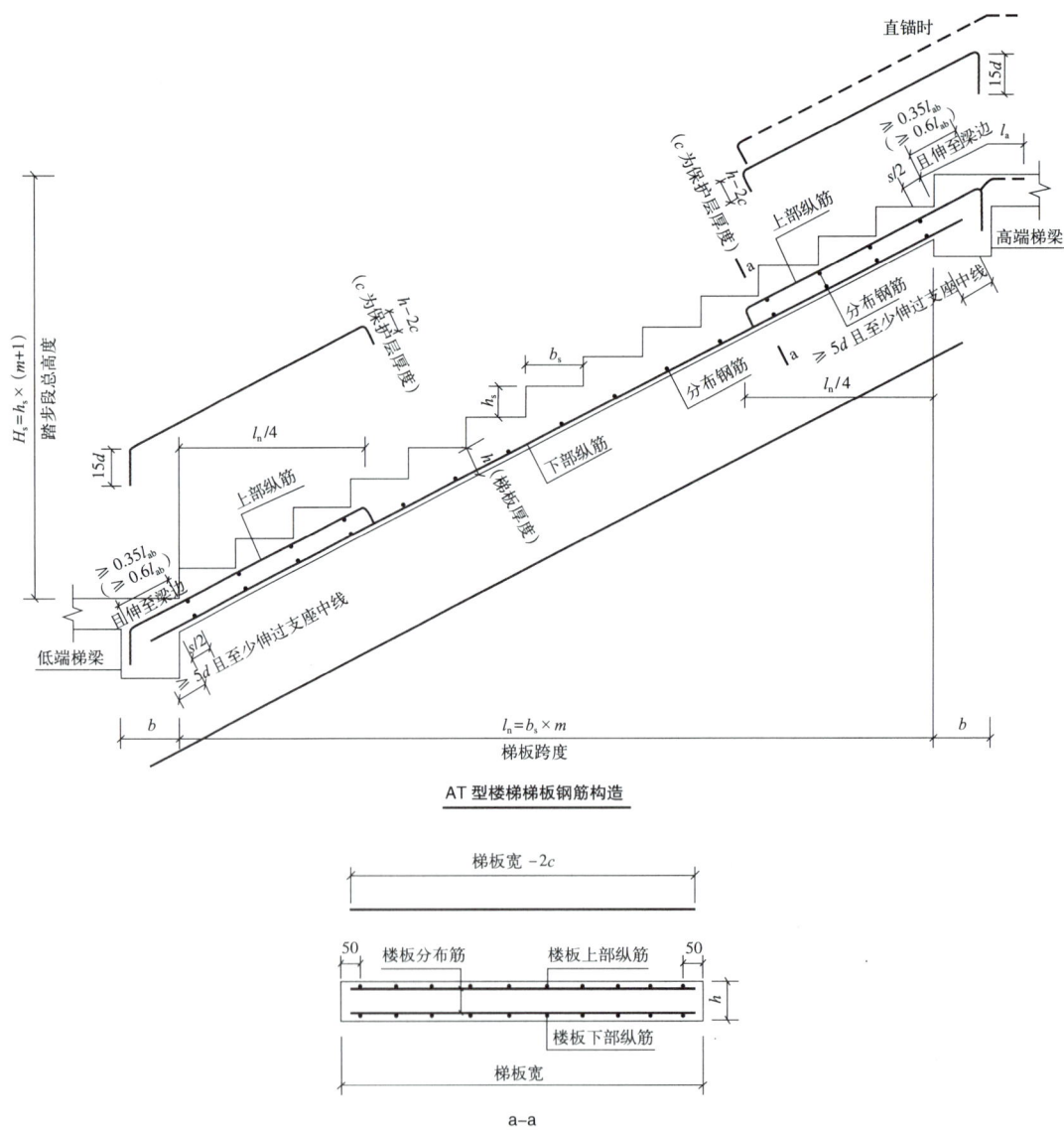

AT 型楼梯梯板钢筋构造

a–a

图 6-4 AT 型楼梯钢筋构造

根据项目要求和《混凝土结构施工图平面整体表示方法制图规则和构造详图（现浇混凝土板式楼梯）》22G101—2 及《混凝土结构施工钢筋排布规则与构造详图（现浇混凝土板式楼梯)》18G901—2 的有关要求，得出：

（1）梯板的混凝土保护层厚度为 15mm。

（2）AT 型楼梯的一般构造要求

1）下部纵筋

梯板下部纵筋两端分别锚入高端梯梁和低端梯梁，钢筋锚固长度需 $\geqslant 5d$ 且至少伸过支座中线。

本项目下部纵筋为 $\pm 12@150$，梯梁的截面尺寸为 $200mm \times 300mm$，因此钢筋的锚固长度取以下两个数值的最大值：

$5d = 5 \times 12 = 60mm$，支座中线长度为 100mm，此时 100mm 为水平长度，在比较时，需转换成斜长。

2）上部纵筋

上部纵筋包括梯板低端扣筋和梯板高端扣筋，一端扣在踏步段斜板上，并做 90°弯折；另一端伸至高（低）端支座对边，再向下弯折 15d，弯锚水平段长度 $\geqslant 0.35l_{ab}$（$\geqslant 0.6l_{ab}$)，其中 $0.35l_{ab}$ 用于设计按铰接的情况，$0.6l_{ab}$ 用于设计考虑充分发挥钢筋抗拉强度的情况，具体工程中设计应指明采用何种情况。

本项目上部纵筋 $\pm 10@200$，设计按铰接的情况，三级抗震，查附录得 $l_{ab} = 35d = 35 \times 10 = 350mm$，因此 $0.35l_{ab} = 0.35 \times 350 = 122.5mm$；

弯锚水平段长度（伸至高（低）端支座对边）$= 200 - 20 - 10 = 170mm$；

因此，弯锚水平段长度大于 $0.35l_{ab}$，满足要求。

伸入梯板的水平投影长度 $l_n/4$，90°弯折为 $h_1 = h - 2c = 120 - 2 \times 15 = 90mm$（其中 h 为梯板厚，c 为梯板混凝土保护层厚）。

上部纵筋有条件时可直接伸入平台板内锚固，从支座内边算起总锚固长度不小于 l_a。

3）其他注意构造要求：当受力钢筋采用 HPB300 光圆钢筋时，末端应做 180°的弯钩。本项目的纵向受力筋均采用 HRB400 级钢筋，末端无需做弯钩。

（3）绘制翻样图

根据以上信息和数据绘制本项目 AT3 楼梯梯板的钢筋翻样图，如图 6-5 所示。

3. 钢筋下料长度计算

板式楼梯的梯板钢筋主要有直钢筋和弯折钢筋，各种钢筋下料长度计算公式如下：

直钢筋下料长度 = 构件长度 − 保护层厚度 + 弯钩增加值

弯折钢筋下料长度 = 构件长度 − 保护层厚度 + 弯折段长度 − 弯曲调整值 + 弯钩增加值

钢筋需要搭接时，还应增加钢筋搭接长度。

其中，弯钩增加长度见项目 1，弯曲调整值见表 2-2。

（1）梯板下部纵筋及分布筋下料长度计算

在梯板钢筋下料长度计算中，经常需要通过水平投影长度计算斜长：

斜长 = 水平投影长度 × 斜坡系数 k

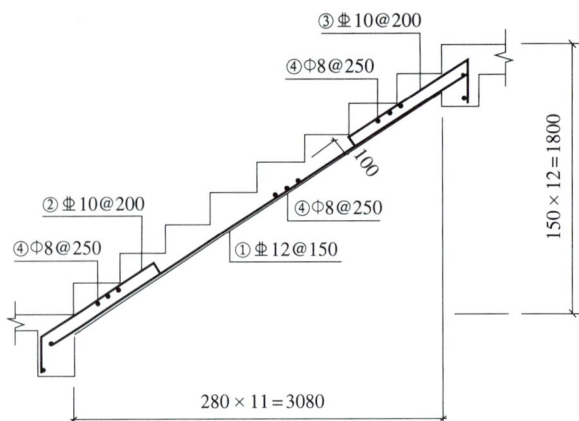

图 6-5　AT3 楼梯钢筋翻样图

式中：斜坡系数 k 可以通过踏步宽度和踏步高度来计算。

斜坡系数 $k = \sqrt{b_s^2 + h_s^2}/b_s = \sqrt{280 \times 280 + 150 \times 150}/280 = 1.134$

1）梯板下部纵筋下料长度 = $l_n \times$ 斜坡系数 $k + 2a +$ 弯钩增加长度，其中 l_n 为梯板跨度，$a = \max(5d, kb/2)$

$= 3080 \times 1.134 + 2 \times \max(5 \times 12, 1.134 \times 200/2) = 3720$mm

2）梯板下部纵筋的根数 = $(b_n - 2 \times 50)$ / 间距 +1

$= (1600 - 2 \times 50)/150 + 1 = 11$ 根

3）梯板下部分布筋下料长度 = $b_n - 2 \times$ 混凝土保护层厚度

$= 1600 - 2 \times 15 = 1570$mm

4）梯板下部分布筋的根数 = $(l_n \times$ 斜坡系数 $k -$ 起步间距 $s/2 \times 2)$ / 间距 +1

$= (3080 \times 1.134 - 125 \times 2)/250 + 1 = 14$ 根

（2）梯板低端扣筋下料长度计算

1）梯板低端扣筋下料长度 = $l_n/4 \times$ 斜坡系数 $k +$（支座宽度 $b -$ 支座保护层 $c -$ 支座箍筋直径）$\times$ 斜坡系数 $k + 15d + h_1 -$ 弯曲调整值 + 弯钩增加长度，其中 $h_1 = h - 2c$

$= 3080/4 \times 1.134 + (200 - 20 - 10) \times 1.134 + 15 \times 10 + (100 - 2 \times 15) - 2 \times 10$（一端做 90° 弯折）$- 0.85 \times 10$（一端做近似于 60° 弯折）$= 1258$mm

2）梯板低端扣筋的根数 = $(b_n - 2 \times 50)$ / 间距 +1

$= (1600 - 2 \times 50)/200 + 1 = 9$ 根

3）梯板低端分布筋下料长度 = $b_n - 2 \times$ 混凝土保护层厚度

$= 1600 - 2 \times 15 = 1570$mm

4）梯板低端分布筋的根数 = $(l_n/4 \times$ 斜坡系数 $k -$ 起步间距 $s/2)$ / 间距 +1

$= (3080/4 \times 1.134 - 125)/250 + 1 = 4$ 根

（3）梯板高端扣筋下料长度计算

1）梯板高端扣筋下料长度 $=l_n/4 \times$ 斜坡系数 $k+$（支座宽度 $b-$ 支座保护层 $c-$ 支座箍筋直径）$\times$ 斜坡系数 $k+15d+h_1-$ 弯曲调整值 + 弯钩增加长度，其中 $h_1=h-2c$

$=3080/4 \times 1.134+（200-20-10）\times 1.134+15 \times 10+（100-2 \times 15）-2 \times 10$（一端做 $90°$ 弯折）-0.85×10（一端做近似于 $60°$ 弯折）$=1258$mm

2）梯板高端扣筋的根数 $=（b_n-2 \times 50）/$ 间距 $+1$

$=（1600-2 \times 50）/200+1=9$ 根

3）梯板高端分布筋下料长度 $=b_n-2 \times$ 混凝土保护层厚度

$=1600-2 \times 15=1570$mm

4）梯板高端分布筋的根数 $=（l_n/4 \times$ 斜坡系数 $k-$ 起步间距 $s/2）/$ 间距 $+1$

$=（3080/4 \times 1.134-125）/250+1=4$ 根

至此完成了一跑梯板的计算，而根据图示 1 个楼梯间有两跑梯板，在计算时只需将上述的钢筋数量乘以 2 即可。

4. 填写配料单

根据所计算的钢筋下料长度，填写 AT3 楼梯梯板的钢筋配料单，见表 6-1。

钢筋配料单

表 6-1

工程名称：某工程现浇直跑 5.370～7.170m 楼梯

构件名称（数量）：AT3 楼梯梯板（一跑）

构件编号：AT3

钢筋编号	钢筋规格	钢筋简图	下料长度（mm）	根数（根）	钢筋长度（m）	钢筋每米重（kg/m）	总重量（kg）	备注
①	Φ 12	3720	3720	11	40.92	0.888	36.340	
②	Φ 10	1043 70 150	1258	9	11.322	0.617	6.986	
③	Φ 10	1043 150 70	1258	9	11.322	0.617	6.986	
④	φ 8	1570	1570	22	34.54	0.395	13.640	合计数

汇总：φ8：13.64kg　　Φ 10：13.972kg　　Φ 12：36.34kg

编制人：×××　　年级专业：×××　　学号：×××　　编制日期：××××年××月××日

【知识拓展】

BT 型梯板配筋构造

BT 型梯板配筋构造如图 6-6 所示。BT 型楼梯的适用条件为：两梯梁之间的矩形梯板由低端平板和踏步段构成，两部分的一端各自以梯梁为支座。

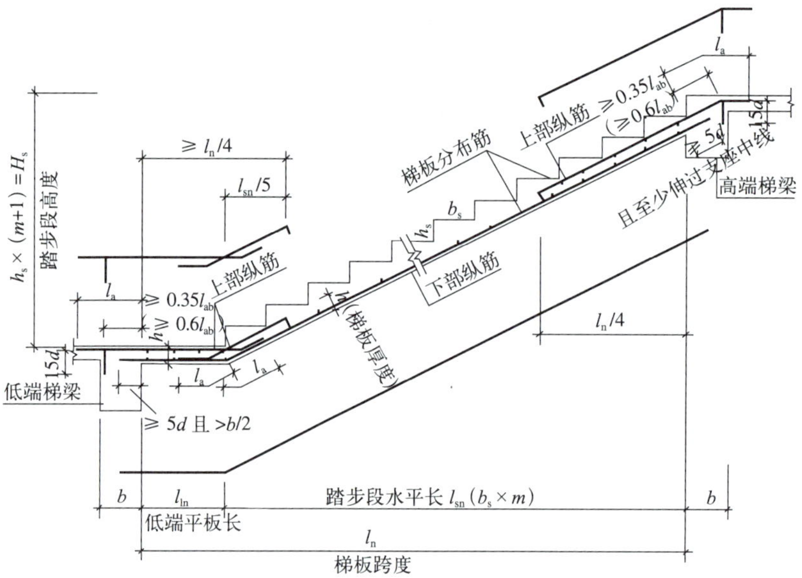

图 6-6　BT 型梯板配筋构造

其中：

（1）当采用 HPB300 光圆钢筋时，除梯板上部纵筋的跨内端头做 90°直角弯钩外，所有末端应做 180°的弯钩。

（2）图中上部纵筋锚固长度 $0.35l_{ab}$ 用于设计按铰接的情况，括号内数据 $0.6l_{ab}$ 用于考虑充分发挥钢筋抗拉强度的情况，具体工程中设计应指明采用何种情况。

（3）上部纵筋有条件时可直接伸入平台板内锚固，从支座内边算起总锚固长度不小于 l_a。

（4）上部纵筋需伸至支座对边再向下弯折。

【能力测试】

1. 填空题

（1）楼梯平法施工图的注写方式包括（　）、（　）和（　）。

（2）AT 型梯板全部由（　）构成；BT 型梯板由（　）和（　）构成。

（3）梯板下部纵筋两端分别锚入高端梯梁和低端梯梁，钢筋锚固长度需满足（　）且至少（　）。

2. 选择题

(1) 楼梯编号由梯板类型代号和序号组成，如 AT5 表示（　　），编号为 5。

A. AT 型　　　　B. BT 型　　　　C. CT 型　　　　D. DT 型

(2) 梯板分布筋，以（　　）打头注写分布钢筋具体值，该项也可在图中统一说明。

A. E　　　　　　B. F　　　　　　C. C　　　　　　D. D

(3) 当（　　）采用 HPB300 光圆钢筋时，末端应做 180°的弯钩。

A. 箍筋　　　　　B. 分布筋　　　　C. 构造筋　　　　D. 受力筋

【实践活动】

1. 活动任务

如图 6-7 所示，该楼梯混凝土强度等级为 C25，抗震等级为三级，梯梁 TL 截面尺寸为 200mm×350mm，设计按铰接，梯板混凝土保护层厚为 15mm，梯梁混凝土保护层厚为 20mm，梯梁箍筋直径 10mm。计算楼梯 BT3 梯板钢筋下料长度并填写配料单。

2. 活动组织

项目实施中，对学生进行分组，4～5 人组成 1 个工作小组，组长进行任务分配。各小组制定实施方案及工作计划，组长协助教师指导本组学生，检查项目进程和质量，制定改进措施，共同完成项目任务。

3. 活动时间

4 学时。

4. 活动工具

图集、规范、计算器、铅笔、三角板。

5. 活动评价

钢筋配料单填写完成后，对钢筋的下料进行质量检验，具体检验方法见表 6-2。

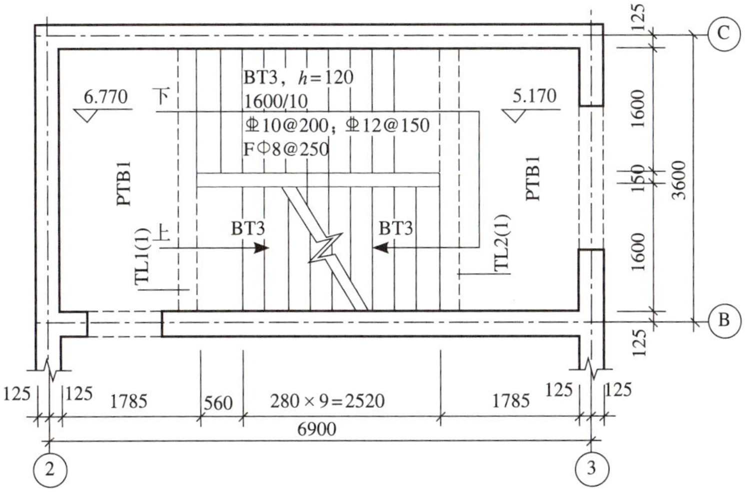

图 6-7　楼梯平面图

钢筋翻样质量要求及检验方法 表6-2

序号	项目	允许偏差	评分标准（分值待定）	检验方法	标准分	得分
1	钢筋的下料长度	按图纸规定	长度错1根扣1分	查看资料	30	
2	每种钢筋的数量	按图纸规定	每1种钢筋数量有错扣1分	查看资料	30	
3	钢筋简图、尺寸		错1处扣1分	查看资料	20	
4	配料单书写		书写不工整扣2分	查看资料	10	
5	工效		不能按规定时间完成本项无分，每提前10分钟加1分，最多加4分	计时	10	
6	合计				100	

项目 7
钢筋加工

项目 7 思维导图

【项目概述】

　　钢筋加工是为钢筋混凝土工程或预应力混凝土工程提供钢筋制品的制作工艺过程。钢筋混凝土结构通常采用直径 6 ~ 40mm 的热轧钢筋。预应力混凝土中的受力钢筋采用强度在 1000MPa 以上的碳素钢丝、钢绞线和热处理钢筋。冷拉钢筋和冷拔低碳钢丝也用作中小型预应力混凝土构件的受力钢筋。所有钢筋在加工前，都要进行材质检验。钢筋加工工艺通常包括钢筋的调直、除锈、切断、弯曲成形等工序。

　　通过学习本项目，熟练掌握钢筋的除锈、切断、弯曲成形等工序加工机械的性能和操作方法，按照钢筋配料单准确进行钢筋制品加工。

【学习目标】

　　通过本项目的学习，你将能够：

　　（1）理解《混凝土结构工程施工规范》GB 50666—2011、《混凝土结构工程施工质量验收规范》GB 50204—2015 有关钢筋加工及质量验收的相关规定；

　　（2）理解钢筋加工的工艺要求；

　　（3）使用钢筋加工机械；

　　（4）按照钢筋配料单准确加工出钢筋制品。

【项目描述】

利用项目 3 的钢筋配料单，选取箍筋、带有弯钩的钢筋、弯起筋等进行加工。

【学习支持】

（1）《建筑工程施工质量验收统一标准》GB 50300—2013；

（2）《混凝土结构工程施工质量验收规范》GB 50204—2015；

（3）《混凝土结构工程施工规范》GB 50666—2011；

（4）《钢筋混凝土用钢 第2部分：热轧带肋钢筋》GB 1499.2—2018。

【项目实施】

钢筋加工前应按照钢筋配料单正确选择钢筋的规格，检查钢筋的包装、标志和质量证明书，钢筋表面质量，尺寸、外形、重量及允许偏差，以保证钢筋成品的加工质量。

1. 钢筋调直

弯曲不直的钢筋在混凝土中不能与混凝土共同工作而导致混凝土出现裂缝，以致产生不应有的破坏。如果用未经调直的钢筋来断料，断料钢筋的长度不准确，从而影响到钢筋的成形、绑扎安装等一系列工序的准确性。因此钢筋调直是钢筋加工中不可缺少的工序。

4. 钢筋调直

（1）钢筋的调直方法

1）手工调直

直径10mm以下的圆条钢筋，在施工现场一般采用手工调直。对于冷拔低碳钢丝，可通过导轮牵引调直，如图7-1所示。如牵引过轮的钢丝还存在局部慢弯，可用小锤敲打平直；也可以使用蛇形管调直，如图7-2（a）所示。如直条粗钢筋弯曲较缓，可使用扳手扳直，如图7-2（b）所示。盘条钢筋可采用绞盘拉直，如图7-3所示。

图7-1 导轮牵引调直

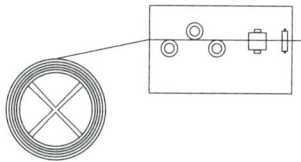

（a）

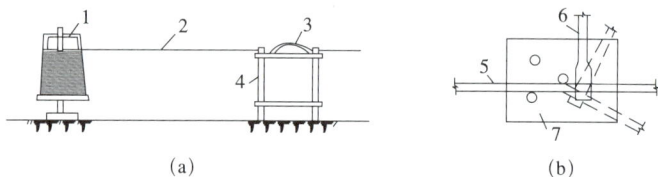

（b）

图7-2 钢筋调直器具
（a）蛇形管调直；（b）粗钢筋人工矫直
1—放盘架；2—钢丝；3—蛇形管；4—固定支架；5—钢筋；6—横口扳手；7—扳柱铁板

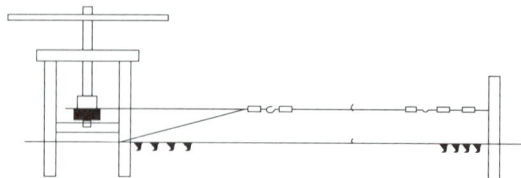

图7-3 绞盘拉直装置示意图

2）机械调直

机械调直是通过钢筋调直机实现的，这类设备适用于处理冷拔低碳钢丝和直径不大于14mm的细钢筋。

粗钢筋也可以用机械调直。由于没有国家定型设备，对于工作量很大的单位，可自制平直机械。根据《混凝土结构工程施工质量验收规范》GB 50204—2015 的规定，弯折钢筋不得调直后作为受力钢筋使用。因此，应注意粗钢筋在运输、加工、安装过程中的保护。

钢筋调直机有多种型号，按所能调直切断的钢筋直径分，常用的有三种：GT1.6/4（型号标志中斜线两侧数字表示所能调直切断的钢筋直径大小的上下限）、GT3/8、GT6/12；另有一种可调直更大直径钢筋调直机的型号是 GT10/16。

（2）进行钢筋调直

本项目中箍筋采用钢筋调直机进行调直。

操作时，将线材盘料拉出一头并将端头捶打平直，穿入导向套和调直筒进行调直。钢筋调直机操作原理如图 7-4 所示。

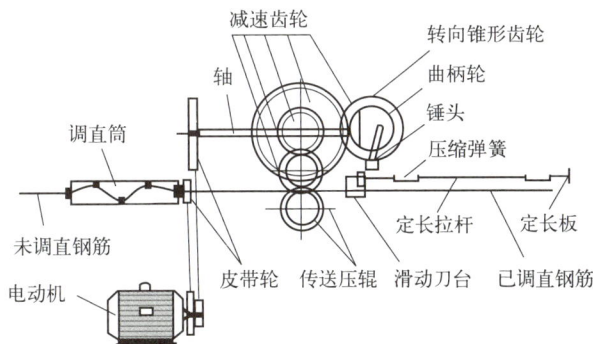

图 7-4　钢筋调直机工作原理

钢筋调直的操作要点：

1）检查：工作前要检查电气系统及其元件有无故障，各种连接零件是否牢固可靠，各传动部分是否灵活，确认正常后方可试运转。

2）试运转：首先从空载开始，确认运转可靠之后才可以进料、试验调直和切断。

3）试断筋：为保证断料长度合适，应在机器开动后试断 3～4 根钢筋检查，以便出现偏差能得到及时纠正。

4）安全要求：盘条钢筋放入圈架时要平稳，如有乱丝或钢筋脱架时，必须停车处理；操作人员不能离机械过远，以防发生故障时不能及时停车造成事故。

钢筋调直的要求：

1）采用钢筋调直机调直冷拔低碳钢丝和细钢筋时，要根据钢筋的直径选用调直模和传送辊，并要恰当掌握调直的偏移量和压紧程度。

2）用卷扬机拉直钢筋时，应注意控制冷拉率。用调直机调直钢丝和用锤击法调直粗钢筋时，表面伤痕不应使截面积减少 5% 以上。

3）调直后的钢筋应平直，无局部曲折；冷拔低碳钢丝表面不得有明显擦伤。应注意：冷拔低碳钢丝经调直机调直后，其抗拉强度一般要降低 10%～15%，使用前要加强检查，按调直后的抗拉强度选用。

4）已调直的钢筋应按级别、直径、长短、根数分扎成若干小扎，分区堆放整齐。

5）钢筋调直机是高速运转的设备，各部分应定期加油润滑，并设防护罩和挡板。

2. 钢筋除锈

《混凝土结构工程施工质量验收规范》GB 50204—2015规定：钢筋应平直、无损伤，表面不得有裂纹、油污、颗粒状或片状老锈。

5. 钢筋除锈

钢筋除锈工作应在调直后、弯曲前进行，并应尽量利用冷拉和调直工序进行除锈。除锈的方法有多种，常用的有人工除锈、机械除锈和酸洗法除锈。

（1）钢筋的除锈方法

1）人工除锈

人工除锈的常用方法是用钢丝刷、砂盘、麻袋布等轻擦或将钢筋在砂堆上来回拉动除锈。砂盘除锈如图7-5所示。

2）机械除锈

机械除锈包括除锈机除锈和喷砂法除锈。

①除锈机除锈

对直径较细的盘条钢筋，通过冷拉和调直过程自动除锈；粗钢筋采用圆盘钢丝刷除锈机除锈。

钢筋除锈机有固定式（图7-6）和移动式（图7-7）两种，一般由钢筋加工单位自制，由动力带动圆盘钢丝刷高速旋转，来清刷钢筋上的铁锈。

图 7-5　砂盘除锈示意图	图 7-6　固定式钢筋除锈机	图 7-7　移动式钢筋除锈机
	1—钢筋；2—滚道；3—电动机； 4—钢丝刷；5—机架	

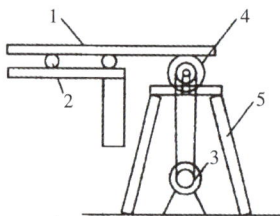

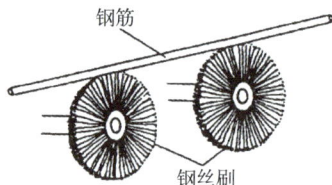

②喷砂法除锈

喷砂法除锈主要是用空压机、储砂罐、喷头等设备，利用空压机产生的强大气流形成高压砂流除锈，适用于大量除锈工作，除锈效果好。

3）酸洗法除锈

当钢筋需要冷拔加工时，用酸洗法除锈。酸洗法除锈是将圆盘钢筋放入硫酸或盐酸溶液中，经化学反应除锈。但在酸洗除锈前，通常先进行机械除锈，这样可以缩短50%酸洗时间，并节约80%以上的酸液。

（2）进行钢筋除锈

本项目中箍筋调直过程自动除锈；粗钢筋采用圆盘钢丝刷除锈机除锈。

3. 钢筋切断

钢筋经调直后，即可按下料长度进行切断。钢筋切断前，应根据工地的材料情况确定下料方案，确定钢筋的品种、规格、尺寸、外形符合设计要求。切断时应精打细算，长料长用，短料短用，使下脚料的长度最短。切断的短料可作为电焊接头的绑条或其他的辅助短钢筋使用，力求减少钢筋的损耗。

6. 钢筋切断

（1）切断前的准备工作

钢筋切断前应做好以下准备工作，以求获得最佳经济效益。

1）复核：根据钢筋配料单，复核料牌上所标注钢筋的直径、尺寸、根数是否正确。

2）确定下料方案：根据工地钢筋库存情况做好下料方案，长短搭配，尽量减少损耗。

3）量度准确：避免使用短尺量长料，防止产生累计误差。

4）试切钢筋：调试好切断设备，试切 1 ～ 2 根钢筋，确定尺寸无误后再成批加工。

（2）切断方法

钢筋的切断方法分为人工切断和机械切断。

1）人工切断。切断钢丝可用断线钳，如图 7-8 所示。切断直径 16mm 以下的 HPB300 钢筋可用如图 7-9 所示的手压切断器。这种切断器一般可自制，由固定刀口、活动刀口、边夹板、把柄、底座等组成。

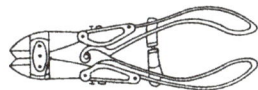

图 7-8　断线钳

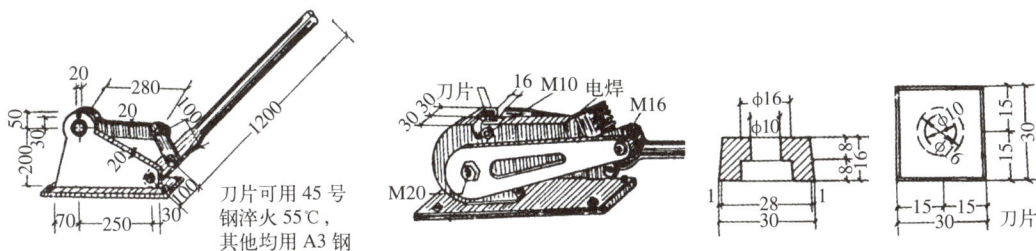

图 7-9　手压切断器外形及构造

2）机械切断。建筑工程现场通常采用钢筋切断机进行大直径钢筋的切断，常用的 GQ40 型钢筋切断机（图 7-10）、GQ40B 型钢筋切断机可以切割直径 6 ～ 40mm 的钢筋；DYQ32B 电动液压切断机（图 7-11）可以切割直径 6 ～ 32mm 的钢筋。

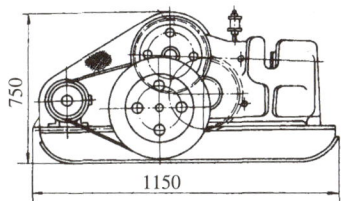

图 7-10　GQ40 型钢筋切断机

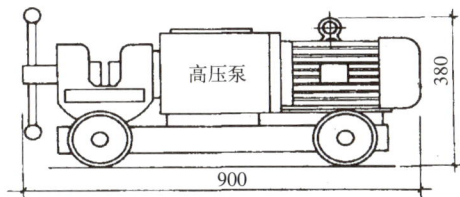

图 7-11　DYQ32B 电动液压切断机

（3）钢筋切断的工艺要求

1）将同规格钢筋根据不同长度长短搭配，统筹排料。一般应先断长料，后断短料，减少短头，降低损耗。

2）断料时应避免用短尺量长料，防止在量料中产生累计误差。为此，宜在工作台上标出尺寸刻度线并设置控制断料尺寸用的挡板。

3）钢筋切断机的刀片应由工具钢热处理制成，刀片的形状可参考图7-12。安装刀片时，螺丝要紧固，刀口要密合（间隙不大于0.5mm）。固定刀片与冲切刀片刀口的距离：对直径 ≤ 20mm 的钢筋宜重叠 1 ~ 2mm，对直径 >20mm 的钢筋宜留 5mm 左右。

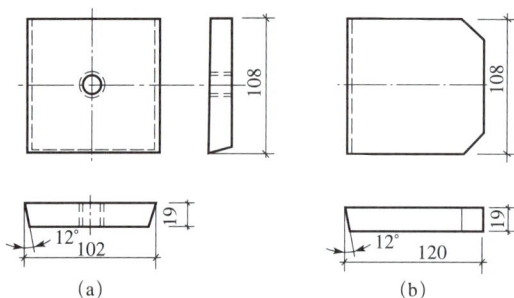

图7-12　钢筋切断机的刀片形状
(a) 冲切刀片；(b) 固定刀片

4）在切断过程中，如发现钢筋有劈裂、缩头或严重的弯头等必须切除；如发现钢筋的硬度与该钢种有较大的出入，应及时向有关人员反映，查明情况。

5）钢筋的断口不得有马蹄形或起弯等现象。

（4）进行切断

本项目箍筋切断与调直同时进行；粗钢筋采用机械式钢筋切断机进行切断。

根据钢筋配料单，复核料牌上所标注的钢筋直径、尺寸、根数是否正确。根据工地钢筋的库存情况做好下料方案，应长短搭配，尽量减少损耗。调试好切断设备，试切1 ~ 2 根。

切断注意事项：

1）接送料的工作台面应和切刀下部保持水平，工作台长度可根据加工材料长度确定。

2）启动前应检查并确认切刀无裂纹，刀架螺栓紧固，防护罩牢靠，然后用手转动轮子，检查齿轮啮合间隙，调整切刀间隙。

3）启动后应先空载运转，检查各转动部分及轴承运转正常后方可作业。

4）机械未达到正常转速时不得切料。切料时应使用切刀的中、下部位，紧握钢筋对准刀口迅速投入，操作者应站在固定刀片一侧用力压住钢筋，防止钢筋末端弹击伤人，严禁用两手在刀片两边握住钢筋俯身送料。

5）不得剪切直径及强度超过机械铭牌规定的钢筋和烧红的钢筋。一次切断多根钢筋时，其截面总面积应在规定范围内。

6）剪切低合金钢时，应更换高硬度切刀，剪切直径应符合机械铭牌规定。

7）切断短料时，手和切刀之间的距离应保持在 150mm 以上，如手握端小于 400mm 时，应用套管或夹具将钢筋头压住或夹牢。

8）运转中严禁用手直接清除切刀附近的断头和杂物，钢筋摆动周围和切刀周围，不得停留非操作人员。

9）当发现机械运转不正常、有异常响声或切刀歪斜时，应立即停机检修。

10）已切断的钢筋，堆放要整齐，防止切口突出，导致误踢割伤。

11）作业后应切断电源，用钢刷清除切刀间的杂物，并进行整机清洁润滑。

4. 钢筋弯曲成形

钢筋弯曲成形是将已切断、配好的钢筋按照施工图纸的要求加工成规定的形状尺寸。钢筋弯曲成形的顺序：准备工作→画线→样件→弯曲成形。弯曲分人工弯曲和机械弯曲两种。

7. 钢筋弯曲成形

（1）准备工作

钢筋弯曲成什么样的形状，各部分的尺寸是多少，主要依据钢筋配料单，这是最基本的操作依据。

1）配料单的制备

配料单是钢筋加工的凭证和钢筋成形质量的保证，配料单内包括钢筋规格、式样、根数以及下料长度等内容，主要按施工图上的钢筋材料表抄写，但是应特别注意：下料长度一栏必须由配料人员算好填写，不能照抄材料表上的长度。如表 7-1 中各种钢筋的长度是各分段长度累加起来的，配料单中的钢筋长度则是操作需用的实际长度，要考虑弯曲调整值，计算成为下料长度。

2）料牌

料牌通常用木板或纤维板制成，将每一编号钢筋的有关资料（工程名称、图号、钢筋编号、根数、规格、式样以及下料长度等）注写于料牌的两面，以便随着工艺流程传送，最后将加工好的钢筋系上料牌。

（2）画线

在弯曲成形之前，除应熟悉待加工钢筋的规格、形状和各部尺寸，确定弯曲操作步骤及准备工具等之外，还需将钢筋的各段长度尺寸画在钢筋上。

大批量加工钢筋时应采取精确画线的方法，根据钢筋的弯曲类型、弯曲角度、弯曲半径、扳距等因素，分别计算各段尺寸，再根据各段尺寸分段画线。这种画线方法比较繁琐，现场小批量加工钢筋时，常采用简便的画线方法，即在画钢筋的分段尺寸时，将不同角度的弯折量度差在弯曲操作方向相反的一侧长度内扣除，画上分段尺寸线，这条线称为弯曲点线。根据弯曲点线按规定方向弯曲后得到的成形钢筋，应基本与设计图要求的尺寸相符。

现以表 7-1 中，梁 3 号弯起钢筋为例，说明弯曲点线的画线方法，如图 7-13 所示。

某工程钢筋配料单 表 7-1

编号	简图	规格	下料长度（mm）	根数	总下料长（mm）	重量（kg）
1	2980	Φ 18	2980	4	11.92	23.8
2	2900 | 300	Φ 16	3170	5	15.85	25.0
3	400 500 7220 500 400 45°	Φ 20	8940	3	26.82	66.2

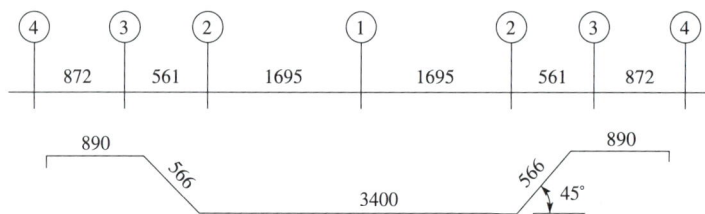

图 7-13 梁中弯起钢筋计算例图

第一步，在钢筋的中心线画第一道线。

第二步，取中段（3400mm）的 1/2 减去 $0.25d_0$，即在 1700-4.5＝1695mm 处画第二道线。

第三步，取斜长（566mm）减去 $0.25d_0$，即在 566-4.5＝561mm 处画第三道线。

第四步，取直段长（890mm）减去 d_0，即在 890-18＝872mm 处画第四道线。

以上各线段即钢筋的弯曲点线，弯制钢筋时按这些线段进行弯制。弯曲角度须在工作台上放出大样。画线时所减去的值应根据钢筋直径和弯折角度具体确定，此处所取值仅为便于说明。

弯制形状比较简单或同一形状根数较多的钢筋时可以不画线，而在工作台上按各段尺寸要求，固定若干标志，按标准操作，此法工效较高。

（3）样件

弯曲钢筋画线后，即可试弯一根，以检查画线的结果是否符合设计要求。如不符合，应对弯曲顺序、画线、弯曲标志、扳距等进行调整，待调整合格后方可成批弯制。

（4）弯曲成形

1）手工弯曲成形

①工具和设备

a. 工作台。钢筋弯曲应在工作台上进行。工作台的宽度通常为 800mm，长度视钢筋种类而定，弯细钢筋时一般为 4000mm，弯粗钢筋时可为 8000mm。台高一般为 900～1000mm。

b. 手摇扳。手摇扳的外形如图 7-14 所示，它由钢板底盘、扳柱、扳手组成，用来弯制直径 12mm 以下的钢筋，操作前应将底盘固定在工作台上，其底盘表面应与工作台平直。

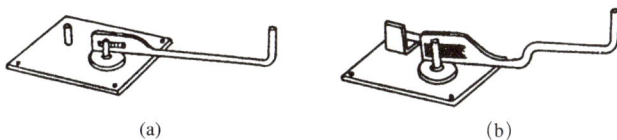

图 7-14 手摇扳
(a) 弯单根钢筋；(b) 弯多根钢筋

c. 卡盘。卡盘用来弯制粗钢筋，它由钢板底盘和扳柱组成，扳柱焊在底盘上，底盘需固定在工作台上。四扳柱的卡盘如图 7-15 (a) 所示，扳柱水平净距约为 100mm，垂直方向净距约为 34mm，可弯曲直径为 32mm 的钢筋。三扳柱的卡盘如图 7-15 (b) 所示，扳柱的两斜边净距为 100mm 左右，底边净距约为 80mm。这种卡盘不需配钢套，可用厚 12mm 的钢板制作卡盘底板。

d. 钢筋扳手。钢筋扳手是弯制钢筋的工具，它主要与卡盘配合使用，分为横口扳手（图 7-16a）和顺口扳手（图 7-16b）两种，横口扳手又有平头和弯头之分，弯头横口扳手仅在绑扎钢筋时用于矫正钢筋位置。

钢筋扳手的扳口尺寸比弯制的钢筋直径大 2mm 较合适。弯曲钢筋时，应配有各种规格的扳手。

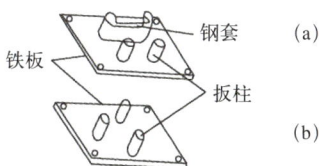

图 7-15 扳柱铁板
(a) 四扳柱卡盘；(b) 三扳柱卡盘

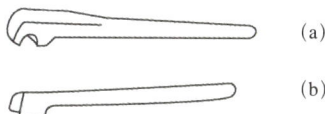

图 7-16 钢筋扳手
(a) 横口扳手；(b) 竖口扳手

手摇扳的尺寸见表 7-2。卡盘和横口扳手主要尺寸见表 7-3。

手摇扳尺寸（单位：mm） 表 7-2

附图	钢筋直径	a	b	c	d
	6	500	8	16	16
	8 ~ 10	500	22	18	20

卡盘和横口扳手主要尺寸（单位：mm） 表 7-3

附图	钢筋直径	卡盘			横口扳手			
		a	b	c	d	e	h	l
	12 ~ 16	50	80	20	22	18	40	1200
	18 ~ 22	65	90	25	28	24	50	1350
	25 ~ 32	80	100	30	38	34	76	2100

②手工弯曲操作要点

为了保证钢筋弯曲形状正确，弯曲弧准确，操作时扳手部分不碰到扳柱，扳手与扳柱间应保持一定距离。一般扳手与扳柱之间的距离，可参考表 7-4 中的数值来确定。

扳手与扳柱之间的距离　　　　　　　　　　　　　　表 7-4

弯曲角度	45°	90°	135°	180°
扳距	$(1.5 \sim 2) d_0$	$(2.5 \sim 3) d_0$	$(3 \sim 3.5) d_0$	$(3.5 \sim 4) d_0$

扳距、弯曲点线与扳柱的关系如图 7-17 所示。弯曲点线在扳柱钢筋上的位置：弯曲角度不大于 90°时，弯曲点线可与扳柱外缘持平；弯曲角度为 135°～180°时，弯曲点线距扳柱边缘的距离约为 d_0。

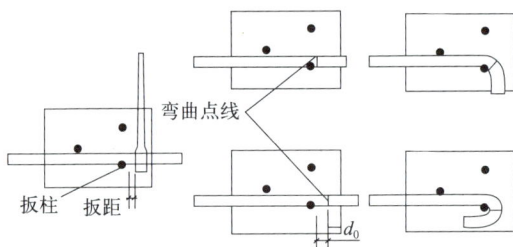

图 7-17　扳距、弯曲点线和扳柱的关系

弯曲钢筋时，扳手一定要托平，不能上下摆，以免弯出的钢筋产生翘曲。

操作电动机时注意放正弯曲点，搭好扳手，注意扳距，以保证弯制后的钢筋形状、尺寸准确。起弯时用力要慢，防止扳手脱落。结束时要平稳，掌握好弯曲位置，防止弯过头或弯不到位。

不允许在高空或脚手板上弯制粗钢筋，避免因弯制钢筋脱扳而造成坠落事故。

在弯曲配筋密集的构件钢筋时，要严格控制钢筋各段尺寸及起弯角度，各种编号钢筋应试弯一根，安装合适后再成批弯制。

2）机械弯曲成形

①钢筋弯曲机

常用的钢筋弯曲机可弯曲钢筋最大公称直径为 40mm，用 GW40 表示型号，其他还有 GW12、GW20、GW25、GW32、GW50、GW65 等型号，型号中的数字表示可弯曲钢筋的最大公称直径（单位：mm）。各种钢筋弯曲机可弯曲钢筋直径是按抗拉强度为450MPa 的钢筋确定的，对于级别较高、直径较大的钢筋，如果用 GW40 型钢筋弯曲机不能弯曲，可采用 GW50 型来弯曲。目前普遍使用的 GW40 型钢筋弯曲机如图 7-18 所示。

更换传动轮可使工作盘得到三种转速，弯曲直径较大的钢筋必须使转速放慢，以免损坏设备。在不同的转速下，一次最多能弯曲的钢筋根数应根据其直径的大小按弯曲机的说明书执行。弯曲机的操作过程如图 7-19 所示。

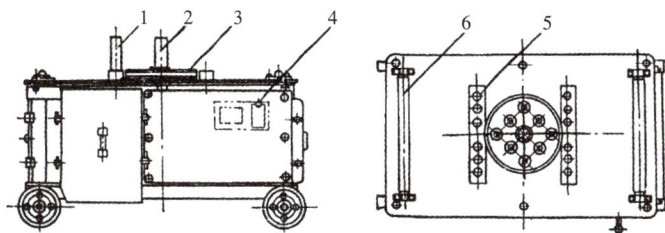

图 7-18　GW40 型钢筋弯曲机外形图

1—挡铁轴；2—心轴；3—工作盘；4—倒顺开关；5—插入座；6—滚轴

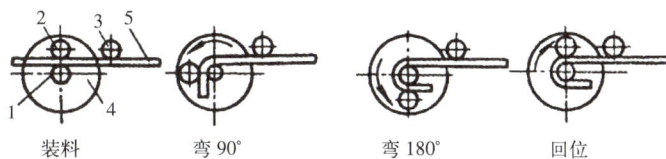

装料　　弯 90°　　弯 180°　　回位

图 7-19　弯曲机的操作过程

1—工作盘；2—成形轴；3—心轴；4—挡铁轴；5—钢筋

②钢筋弯曲机操作要点

a. 操作前要对机械各部件进行全面检查并试运转，检查齿轮、轴套等设备是否齐全。

b. 要熟悉倒顺开关的使用方法以及所控制的工作盘旋转方向，使钢筋的放置与成形轴、挡铁轴的位置相配合。

c. 使用钢筋弯曲机时，应先试弯，以摸索规律。

（5）进行钢筋弯曲

本项目采用手工弯曲的方法，根据配料单对各规格的钢筋进行弯曲。

1）箍筋的弯曲成形

箍筋弯曲成形分成五步，如图 7-20 所示。在操作前，首先要在手摇扳的左侧工作台上标出钢筋 1/2 长、箍筋长边内侧和短边内侧长（也可以标长边外侧长和短边外侧长）3 个标志。

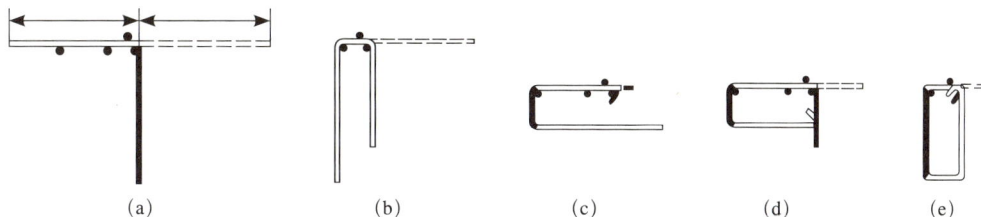

（a）　　（b）　　（c）　　（d）　　（e）

图 7-20　箍筋弯曲成形步骤

（a）在钢筋 1/2 长处弯折 90°；（b）弯折短边 90°；（c）弯长边 135°弯钩；（d）弯短边 90°弯折；（e）弯短边 135°弯钩

注：因为（c）、（e）弯钩角度大，所以要比（b）、（d）操作时靠标志略松些，预留一些长度，以免箍筋不方正。

2）弯起钢筋的弯曲成形

弯起钢筋的弯曲成形如图 7-21 所示。一般弯起钢筋长度较大，故通常在工作台两端设置卡盘，分别在工作台两端同时成形。

当钢筋的弯曲形状比较复杂时，可预先放出实样，再用扒钉钉在工作台上，以控制各个弯转角。

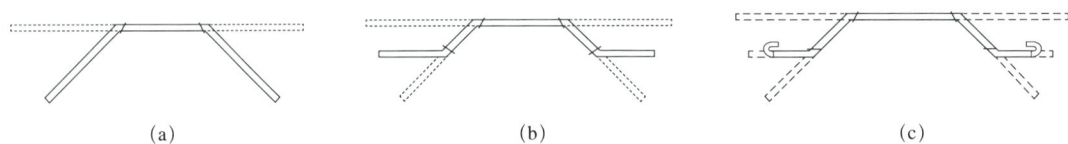

图 7-21　弯起钢筋成形步骤

(a) 在钢筋中段弯曲处钉两个扒钉，弯第一对 45°弯；(b) 在钢筋上段弯曲处钉两个扒钉，弯第二对 45°弯；
(c) 在钢筋弯钩处钉两个扒钉，弯两对弯钩

各种不同钢筋弯折时，常将端部弯钩作为最后一个弯折程序，这样可以将配料弯折过程中产生的误差留在弯钩内，不致影响钢筋的整体质量。

5. 质量检查

按照《混凝土结构工程施工质量验收规范》GB 50204—2015 的规定进行钢筋加工的质量检查。钢筋加工的质量应符合下列要求。

（1）钢筋的表面应洁净，油渍、漆污和用锤敲击时能剥落的浮皮、铁锈等必须在使用前清除干净。

（2）钢筋应平直，无局部曲折。

（3）钢筋的断口不得有马蹄形或起弯等现象。

（4）钢筋形状正确，平面上没有翘曲不平现象。

（5）受力钢筋的弯钩和弯折应符合表 7-5 的规定。

钢筋的弯钩、弯折形状和尺寸要求　　　　　　　　　　　　　表 7-5

钢筋类型	牌号或部位	形状	钢筋直径	弯弧内直径	弯钩平直部分长度
受力钢筋	HPB300	180°弯钩	—	≥ 2.5d	≥ 3d
	HPB335、HPB400	—	—	≥ 4d	按设计要求
	HPB500	—	$d ≥ 28mm$	≥ 7d	按设计要求
		—	$d < 28mm$	≥ 6d	按设计要求
箍筋	一般结构	≥ 90°弯钩	—	≥ d	≥ 5d_0
	抗震结构	135°弯钩	—	≥ d	≥ 10d_0

注：表中 d 为受力钢筋直径，d_0 为箍筋直径。

（6）钢筋加工允许偏差应符合表 7-6 的规定。

钢筋加工的允许偏差 表 7-6

项目	允许偏差（mm）	检验方法
受力钢筋沿长度方向的净尺寸	±10	
钢尺检查弯起钢筋的弯折位置	±20	钢尺检查
箍筋外廓尺寸	±5	

【知识拓展】

钢筋冷拉

1. 钢筋冷拉的概念

钢筋冷拉是在常温下对钢筋进行强力拉伸，拉应力超过钢筋的屈服强度，使钢筋产生塑性变形，以达到提高强度、节约钢材的目的。

冷拉适用 Ⅰ～Ⅳ 级热轧钢筋和 5 号钢筋。冷拉时，钢筋被拉直，表面锈渣自行剥落。因此，冷拉不但可提高钢筋强度，还可以同时完成调直、除锈工作。冷拉钢筋主要用作受拉钢筋，如冷拉 Ⅱ～Ⅳ 级钢筋和 5 号钢筋通常用作预应力钢筋，冷拉 Ⅰ 级钢筋用作非预应力钢筋的受拉钢筋。在受冲击荷载的动力设备基础中，不得使用冷拉钢筋。

钢筋冷拉后强度提高，但塑性降低。钢筋强度的提高与冷拉率有关，在一定限度范围内，冷拉率越大强度提高越多。但钢筋冷拉后应有一定的塑性，屈服强度和抗拉强度应保持一定比例，使钢筋有一定强度的储备。冷拉后钢筋的质量应符合表 7-7 的指标要求。

冷拉钢筋的机械性能 表 7-7

项次	钢筋级别	直径（mm）	屈服点 σ_s（MPa）	抗拉强度 σ_b（MPa）	伸长率 δ_{10}（%）	冷弯 弯曲角度	冷弯 弯曲直径
			不小于				
1	冷拉 Ⅰ 级	6～12	280	370	11	180°	$3d_0$
2	冷拉 Ⅱ 级	8～25	450	510	10	90°	$3d_0$
		28～40	430	490	10	90°	$4d_0$
3	冷拉 Ⅲ 级	8～40	500	570	8	90°	$5d_0$
4	冷拉 Ⅳ 级	10～28	700	835	6	90°	$5d_0$

注：直径大于 25mm 的冷拉 Ⅲ、Ⅳ 级钢筋，冷弯试验的弯曲直径应增加 d_0，冷弯后不得有裂纹、裂断或起层现象。

2. 冷拉控制方法

钢筋冷拉控制可以采用控制冷拉应力和控制冷拉率（冷拉率是指钢筋冷拉伸长值与钢筋冷拉前长度的比值）两种方法。

（1）控制冷拉应力

采用控制钢筋冷拉应力的方法时，所采用的冷拉控制应力和最大冷拉率应符合

表 7-8 中的规定。冷拉后检查钢筋的冷拉率，若冷拉率未超过表 7-8 所列的最大冷拉率，冷拉钢筋合格；若冷拉率超过表 7-8 所列的最大冷拉率，则应进行力学性能试验。

例如，一根直径 12mm 的 HRB500 钢筋（其断面面积为 113mm²），长度为 30m，由表 7-8 可知，钢筋的冷拉控制应力为 700MPa，最大冷拉率为 4%，则该钢筋的控制拉力为 700×113＝79.1kN；最大伸长值为 30×4%＝1.2m。若拉力已达到 79.1kN，且拉长值未超过 1.2m，则此冷拉钢筋合格；若钢筋的拉长值已达到 1.2m，但拉力未达到 79.1kN，则钢筋应降级使用。

冷拉控制应力 表 7-8

级别	钢筋类型		冷拉控制应力（MPa）	最大冷拉率（%）
Ⅰ	HPB300，$d \leq 12$		280	10
Ⅱ	HRB335	$d \leq 25$	450	5.5
		$d=28 \sim 40$	430	
Ⅲ	HRB400，$d=8 \sim 40$		500	5
Ⅳ	HRB500，$d=10 \sim 28$		700	4

采用控制冷拉应力方法的冷拉钢筋，易于保证冷拉钢筋的质量。

（2）控制冷拉率

采用控制冷拉率的方法时，冷拉率必须由试验测定。同炉批钢筋的试件不宜少于四根，每根试件都按表 7-9 中规定的冷拉应力值在万能试验机上测定相应的冷拉率，取其平均值作为该炉批钢筋的实际冷拉率。不同炉批的钢筋不宜用控制冷拉率的方法进行冷拉。

测定冷拉率时钢筋的冷拉应力 表 7-9

级别	钢筋类型		冷拉应力（MPa）
Ⅰ	HPB300，$d \leq 12$		280
Ⅱ	HRB335	$d \leq 25$	480
		$d=28 \sim 40$	460
Ⅲ	HRB400，$d=8 \sim 40$		530
Ⅳ	HRB500，$d=10 \sim 28$		730

多根连接的钢筋用控制应力的方法进行冷拉时，其控制应力和每根的冷拉率均应符合表 7-8 中的规定。当用控制冷拉率的方法冷拉时，实际冷拉率可按总长计算，但多根钢筋中的每根钢筋冷拉率不得超过表 7-8 中的规定。

由多根钢筋焊接而成的冷拉钢筋，应先焊接后冷拉。

3. 钢筋冷拉操作

钢筋冷拉的主要工序包括钢筋上盘、放圈、切断、夹紧夹具、开始冷拉、观察控制值、停止冷拉、放松夹具、捆扎堆放，如图 7-22 所示。

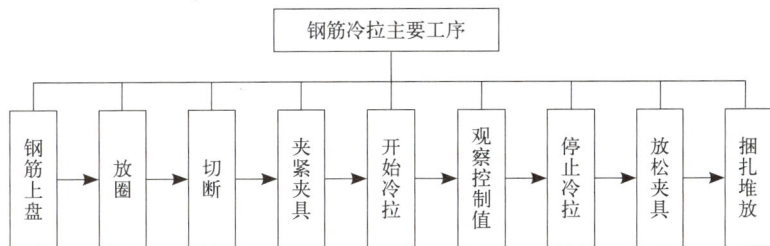

图 7-22　钢筋冷拉主要工序

卷扬机操作人员必须在指挥人员发出信号，并待所有人员离开危险区后方可作业。冷拉作业应缓慢、均匀。当有停车信号或见到有人进入危险区时，应立即停止冷拉，并稍稍放松卷扬钢丝绳。用延伸率控制的装置，应装设明显的限位标志，并应有专人负责指挥。

【能力测试】

1. 填空题

（1）钢筋加工过程一般主要包括（　　）四个工作内容。

（2）根据《混凝土结构工程施工质量验收规范》GB 50204—2015 的规定，弯折钢筋（　　）调直后作为受力钢筋使用。

（3）钢筋除锈工作应在调直后、弯曲前进行，除锈的方法有多种，常用的有（　　）。

（4）钢筋的切断方法分为（　　）。

（5）现场小批量钢筋弯曲成形时，常采用简便的画线方法，即在画钢筋的分段尺寸时，将不同角度的弯折量度差在弯曲操作方向相反的一侧长度内扣除，画上分段尺寸线，这条线称为（　　）。

（6）在切断过程中，如发现钢筋有劈裂、缩头或严重的弯头等必须切除，钢筋的断口不得有（　　）等现象。

2. 选择题

（1）机械调直是通过钢筋调直机实现的，这类设备适用于处理冷拔低碳钢丝和直径不大于（　　）的细钢筋。

A. 16mm　　　　　　B. 14mm　　　　　　C. 12mm　　　　　　D. 10mm

（2）用钢丝刷、砂盘、麻袋布等轻擦或将钢筋在砂堆上来回拉动除锈的方法属于（　　）。

A. 人工除锈　　　　B. 除锈机除锈　　　　C. 喷砂法除锈　　　　D. 简单除锈

（3）钢筋切断时，将同规格钢筋根据不同长度长短搭配，统筹排料。一般应先断（　　），后断（　　），减少短头，降低损耗。

A. 长料　长料　　　B. 长料　短料　　　C. 短料　短料　　　D. 不确定

（4）关于钢筋切断前的准备工作，下列说法正确的是（　　）。

A. 复核：根据施工图纸，复核料牌上所标注钢筋的直径、尺寸、根数是否正确

B. 确定下料方案：根据工地钢筋库存情况做好下料方案，长短搭配，尽量减少损耗

C. 量度准确：可以使用短尺量长料，不会产生累计误差

D. 试切钢筋：调试好切断设备，试切 2 ～ 3 根钢筋，确定尺寸无误后再成批加工

（5）钢筋弯曲成形的顺序叙述正确的是（　　）。

A. 准备工作→样件→画线→弯曲成形　　　B. 准备工作→样件→弯曲成形→画线

C. 画线→样件→弯曲成形 →准备工作　　　D. 准备工作→画线→样件→弯曲成形

（6）关于钢筋调直的操作要点叙述错误的是（　　）。

A. 工作前要检查电气系统及其元件有无毛病，各种连接零件是否牢固可靠，各传动部分是否灵活，确认正常后方可试运转

B. 试运转：首先从空载开始，确认运转可靠之后才可以进料、试验调直和切断

C. 盘条钢筋放入圈架时要平稳，如有乱丝或钢筋脱架时，暂时不用处理

D. 操作人员不能离机械过远，以防发生故障时不能及时停车造成事故

【实践活动】

1. 活动任务

根据如图 2-1 所示的平法施工图，完成现浇框架柱 KZ3 中二层钢筋的加工，每种钢筋加工 1 根即可。

2. 活动组织

项目实施中，对学生进行分组，3 ～ 4 人组成 1 个工作小组，组长进行任务分配。各小组制定检查方案及工作计划，组长协助教师指导本组组员，检查并控制项目进度和质量，制定改进措施，完成项目任务。

3. 活动时间

6 学时。

4. 活动工具（表 7-10）

钢筋加工使用材料工具表　　　　　　　　　　　　　　　　　表 7-10

序号	类别	名称	用量	备注
1	材料	钢筋	10kg / 工位	
2	工具	钢筋调直切断机	1 台	细钢筋调制、切断、除锈
3		钢丝刷	2 把 / 工位	手工除锈
4		弯曲机	1 台 / 工位	剪断用于加工箍筋的钢筋
5		钢卷尺	2 把 / 工位	
6		安全帽、手套	4 副 / 工位	

5. 活动评价

按时间、质量、安全、文明等要求进行考核。学生按照表 7-11 进行自评，然后进行组内互评，最后由教师总结。

项目考核评价表　　　　　　　　　　　　　　　　　表 7-11

序号	检查项目	要求/允许偏差	评分标准	标准分值	评分			最后得分
					学生自评	学生互评	教师考评	
1	钢筋安装	外观质量　美观顺直	不符合扣 2 分	5				
		钢筋的弯钩和弯折	错 1 处扣 2 分，扣完为止	10				
		钢筋弯钩形式	错 1 处扣 2 分，扣完为止	10				
		钢筋的机械调直与冷拉调直	错 1 处扣 1 分，扣完为止	5				
		受力钢筋顺长度方向全长的净尺寸（mm）　±10	超偏差 1 处扣 1 分，扣完为止	5				
		弯起钢筋的弯折位置（mm）　±20	超偏差 1 处扣 1 分，扣完为止	5				
		箍筋内净尺寸（mm）　±5	超偏差 1 处扣 1 分，扣完为止	5				
2	操作工艺		操作方法、程序正确，全错无分，局部错 1 处扣 2 分，扣完为止	20				
3	安全、文明施工	是否存在安全隐患	是　　　否	10				
		是否遵守纪律	是　　　否	5				
		是否做到工完场清	是　　　否	5				
		是否正确的使用、维护工具	是　　　否	5				
4	工效	240 分钟	时间到达，即刻停止一切操作	10				
	合计			100				

注：序号 1 的检查项目由学生自评、学生互评、教师考评，序号 2、3、4 的检查项目由教师考评。

项目 8
钢筋连接

项目 8 思维导图

【项目概述】

　　钢筋连接前应根据图样进行配料计算，编制好钢筋配料单，并进行钢筋备料和钢筋加工。按照钢筋连接施工工艺要求，对钢筋采取绑扎连接、焊接连接、机械连接等方法进行连接，正确使用钢筋连接设备，掌握钢筋连接的安全技术要求和技术操作要点。

　　正确掌握钢筋连接设备使用方法是钢筋连接技术的基础，因此，本项目分别介绍了钢筋绑扎连接、焊接连接、机械连接等施工工艺，通过本项目的学习，应当掌握连接工艺的施工要点。

【学习目标】

　　通过本项目的学习，你将能够：

（1）简述钢筋的分类与级别，掌握钢筋质量与性能的检验方法；

（2）采用某种具体的连接方式进行钢筋连接；

（3）掌握钢筋连接的工艺流程；

（4）正确使用钢筋连接设备；

（5）掌握钢筋连接的安全技术要求和技术操作要点；

（6）利用规范标准进行钢筋连接质量检查；

（7）使用钢筋连接设备。

【项目描述】

　　某住宅楼，框架结构，抗震等级二级，混凝土强度等级 C40，梁柱保护层为 25mm，楼板厚 100mm，梁高 550mm，柱截面为 600mm×600mm，柱纵筋直径 28mm；梁钢筋接头采用闪光对焊，柱钢筋接头主要采用电渣压力焊和气压焊，部分不便于焊接钢筋采用机械连接。

【学习支持】

(1)《建筑工程施工质量验收统一标准》GB 50300—2013;
(2)《混凝土结构工程施工质量验收规范》GB 50204—2015;
(3)《混凝土结构工程施工规范》GB 50666—2011;
(4)《钢筋焊接及验收规程》JGJ 18—2012;
(5)《钢筋机械连接技术规程》JGJ 107—2016。

【项目实施】

按照钢筋连接施工工艺要求,对钢筋采取电渣压力焊、气压焊、闪光对焊和机械连接等连接施工工艺进行连接,正确使用钢筋连接设备,掌握钢筋连接的安全技术要求和技术操作要点。

1.电渣压力焊

电渣压力焊包括手工电渣压力焊和自动电渣压力焊,应当优先采用自动电渣压力焊。

手工电渣压力焊设备包括:焊接电源、控制箱、焊接夹具、焊剂罐等。自动电渣压力焊设备包括:焊接电源、控制箱、操作箱、焊接机头等,如图8-1所示。

8.电渣压力焊

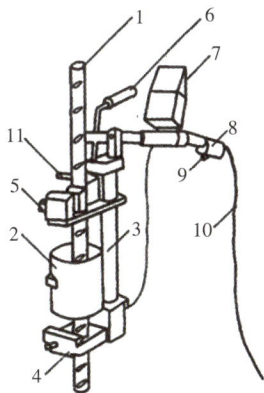

图 8-1 杠杆式单柱电渣压力焊机头
1—钢筋;2—焊剂盒;3—单导柱;4—下部固定夹钳;5—上部活动夹钳;7—监控仪表;
8—操作把;9—开关;10—控制电缆;11—电缆插座

(1)电渣压力焊工艺简介

电渣压力焊是先将钢筋端部约120mm范围内的铁锈除尽,将夹具夹牢在下部钢筋上,并将上部钢筋扶直夹牢于活动电极中。再装上药盒,装满焊药,接通电路,用手柄使电弧引燃(引弧)。然后稳定一定时间,使之形成渣池并使钢筋熔化(稳弧),随着钢筋的熔化，用手柄使上部钢筋缓缓下送。当稳弧达到规定时间后，在断电同时用手柄进行加压顶锻（顶锻），以排除夹渣和气泡，形成接头。待冷却一定时间后，即拆除药盒、回收焊药、拆除夹具和清除焊渣。引弧、稳弧、顶锻三个过程连续进行。工艺流程如下：

闭合电路→引弧→电弧过程→电渣过程→挤压断电

（2）电渣压力焊操作工艺

1）闭合电路

安装焊接夹具和钢筋：夹具的下部钳口应夹紧于下部钢筋端部的适当位置，一般为1/2 焊剂罐高度偏下 5～10mm，以确保焊接处的焊剂有足够的淹埋深度。上部钢筋放入夹具钳口后，调准动夹头的起始点，使上下钢筋的焊接部位于同轴状态，形成一个闭合的电路，如图 8-2 所示。

先将焊接夹具的下夹钳夹住下部钢筋，插入上部钢筋，焊接夹具上夹钳将上部钢筋夹紧，焊机的负极线连接在钢筋上。上下钢筋必须中心线对齐，连接电源形成一个闭合的电路。

钢筋一经夹紧，严防晃动，以免上下钢筋错位和夹具变形。安放焊剂罐、填装焊剂，如图 8-3 所示。焊剂应有出厂合格证。焊剂的性能应符合《埋弧焊用碳钢焊丝和焊剂》GB/T 5293—1999 的规定。焊剂型号为 HJ401，常用熔炼型高锰高硅低氟焊剂或中锰高硅低氟焊剂。

图 8-2　闭合电路

被连接的端面部位套上焊剂盒，用小铁簸箕将 HJ401 焊剂装入焊剂盒，同时用棒条插捣，使焊剂盒中的焊剂松紧均匀，以保证鼓包均匀。

2）引弧过程

电渣压力焊的闭合回路、引弧过程：通过操纵杆或操纵盒上的开关，先后接通焊机的焊接电流回路和电源的输入回路，在钢筋端面之间引燃电弧，开始焊接，如图 8-4 所示。

图 8-3 填装焊剂   图 8-4 引弧过程   图 8-5 电弧过程

引弧时摇动手柄，将上部钢筋略提起，稳定电弧，使上、下钢筋两端面均匀烧化。

3）电弧连接过程

①电弧过程：引燃电弧后，应控制电压值。借助操纵杆使上下钢筋端面之间保持一定的间距，进行电弧过程的延时，使焊剂不断熔化而形成必要深度的渣池。

②电渣过程：随后逐渐下送钢筋，使上部钢筋端都插入渣池，电弧熄灭，进入电渣过程的延时，使钢筋全断面加速熔化。

③挤压断电：电渣过程结束，迅速送上部钢筋，使其端面与下部钢筋端面相互接触，趁热排除熔渣和熔化金属。同时切断焊接电源，如图 8-5 所示。

当烧化达到时间要求后，迅速摇转手柄，将上部钢筋下压，此时，两钢筋端面间熔化的铁水均匀外挤。

4）回收焊剂

接头焊毕，应停歇 20 ～ 30s 后（在寒冷地区施焊时，停歇时间应适当延长），才可回收焊剂和卸下焊接夹具，如图 8-6 所示。

图 8-6 回收焊剂   图 8-7 电渣压力焊焊接接头

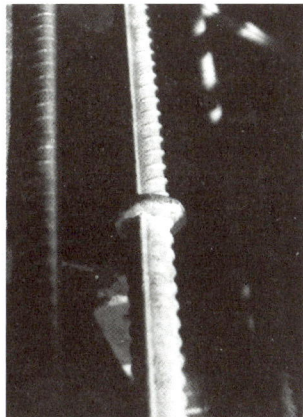

焊接完成后，插上铁板，打开焊剂盒，回收剩余的焊剂，可重复使用。

焊接完成后的接头被包围在渣壳中，像马蜂窝球，此时应让接头保温半小时左右，待冷却后敲去渣壳，露出带金属光泽的鼓包接头。焊接电渣压力焊焊接接头如图8-7所示。

电渣压力焊适用于直径18～32mm的HPB335、HRB400级钢筋连接。焊接的接头要求鼓包均匀，鼓包直径约为钢筋直径的1.6倍。

5）质量检查

在钢筋电渣压力焊的焊接生产中，应认真进行自检，若发现偏心、弯折、烧伤、焊包不饱满等焊接缺陷，应切除接头重焊，并查找原因，及时消除。切除接头时，应切除热影响区的钢筋，即离焊缝中心约为1.1倍钢筋直径的长度范围内的部分应切除。

钢筋的规格、焊接接头的位置、同一区段内有接头钢筋面积的百分比，必须符合设计要求和施工规范的规定。

检验方法：观察或尺量检查。

①电渣压力焊接头的力学性能检验必须合格。

力学性能检验时，从每批接头中随机切取3个接头作拉伸试验。

a. 在一般构筑物中，以300个同钢筋级别接头作为一批。

b. 在现浇钢筋混凝土多层结构中，以每一楼层或施工区段的同级别钢筋接头作为一批，不足300个接头仍作为一批。

检验方法：检查焊接试件试验报告。

②基本项目：钢筋电渣压力焊接头应逐个进行外观检查，结果应符合下列要求：

a. 焊包较均匀，突出部分最少高出钢筋表面4mm。

b. 电极与钢筋接触处，无明显的烧伤缺陷。

c. 接头处的弯折角不大于4°。

d. 接头处的轴线偏移应不超过0.1倍钢筋直径，同时不大于2mm。外观检查不合格的接头应切除重焊或采取补救措施。

检验方法：目测或量测。

6）安全技术

①焊剂应存放在干燥的库房内，防止受潮。如受潮，使用前须经250～300℃烘焙2h。

②使用中回收的焊剂，应除去熔渣和杂物，并应与新焊剂混合均匀后使用。

③焊接电源。钢筋电渣压力焊宜采用次级空载电压较高（TSV以上）的交流或直流焊接电源。当焊机容量较小时，也可以采用较小容量的同型号、同性能的两台焊机并联使用。

④焊工必须持有效的焊工考试合格证上岗作业。

⑤在钢筋电渣压力焊生产中，应重视焊接全过程中的任何一个环节。接头部位应清理干净；钢筋安装应上下同心；夹具紧固，严防晃动；引弧过程，力求可靠；电弧过程，延时充分，电渣过程，短而稳定；挤压过程，压力适当。

⑥电渣压力焊可在负温条件下进行，但当环境温度低于-20℃时，不宜施焊。

雨天、雪天不宜施焊，必须施焊时，应采取有效的遮蔽措施。焊后未冷却的接头，应避免碰到冰雪。

2. 钢筋气压焊

钢筋气压焊接是利用乙炔 - 氧混合气体燃烧的高温火焰对已有初始压力的两根钢筋端面接合处加热，使钢筋端部产生塑性变形，并促使钢筋端面的金属原子互相扩散，当钢筋加热到 1250 ～ 1350℃（相当于钢材熔点的 0.80 ～ 0.90 倍）时进行加压顶锻，使钢筋焊接在一起，如图 8-8 所示。

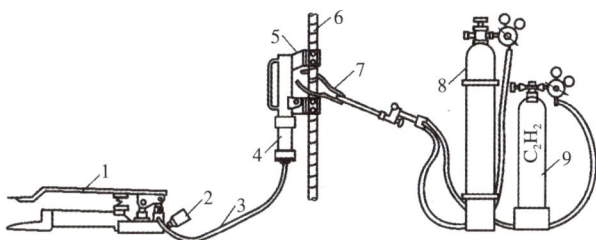

图 8-8　气压焊设备工作简图
1—脚踏液压泵；2—压力表；3—液压胶管；4—活动油缸；5—钢筋卡具；
6—被焊接钢筋；7—多火口烤枪；8—氧气瓶；9—乙炔瓶

（1）气压焊焊接操作工艺

钢筋气压焊操作工艺为：钢筋端头处理→安装接长钢筋→焊前检查→焊接→拆卸工具→质量检查。

（2）焊接前工作

1）钢筋端头处理

进行气压焊的钢筋端头应切平不得形成马蹄形、压扁形、凸凹不平或弯曲，必要时宜用无齿锯切割，保证钢筋端头断面和轴线呈直角，若有弯折或扭曲应切除，并用角向磨光机倒角露出金属光泽，没有氧化现象，并清除钢筋端头 100mm 范围内的锈蚀、油污、杂质等，打磨钢筋时应在当天进行，防止打磨后再生锈，如图 8-9 所示。

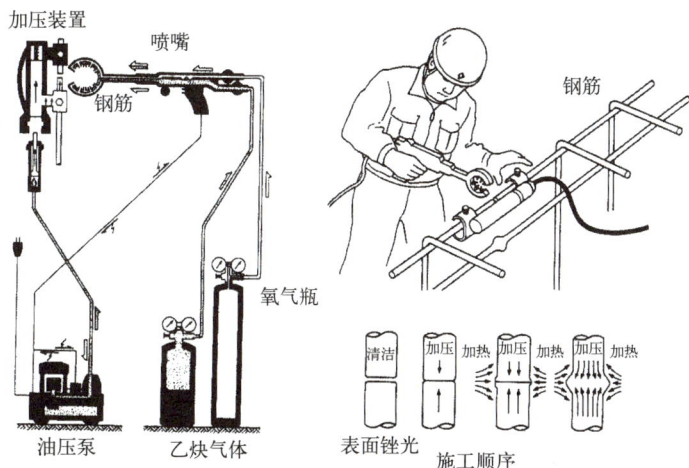

图 8-9　钢筋气压焊施工示意图

2）安装接长钢筋

先将卡具卡在已处理好的两根钢筋上，接好的钢筋上下要同心，在一条直线上，固定卡具应将顶丝上紧，活动卡具要施加一定的初压力，初压力的大小要根据钢筋直径的大小确定，宜为 15 ~ 20MPa，如图 8-9 所示，局部缝隙不应大于 3mm。

3）焊前检查

焊前应对钢筋及焊接设备进行详细检查，以保证焊接正常进行。检查压焊面是否符合要求，上下钢筋是否同心，是否有弯曲现象。

（3）焊接过程

1）点燃焊炬

焊接开始时，火焰采用还原焰（也称碳化焰），目的是为防止钢筋端面氧化。火焰中心对准压焊面缝隙，使钢筋温度达到炽白状态（约 1200℃），同时增大对钢筋的轴向压力，最终压力按钢筋横截面积计达到 30 ~ 40MPa，使压焊面间隙完全闭合达到所要求的形状。加热过程中，如果压焊面间隙完全闭合之前发生灭火中断现象，应将钢筋断面重新打磨、安装，然后点燃火焰进行焊接。如果发生在间隙完全闭合之后，则可再次加热加压完成焊接操作。操作工人用夹钳夹住上、下钢筋端部，点燃气压焊的焊炬，如图 8-10 所示。

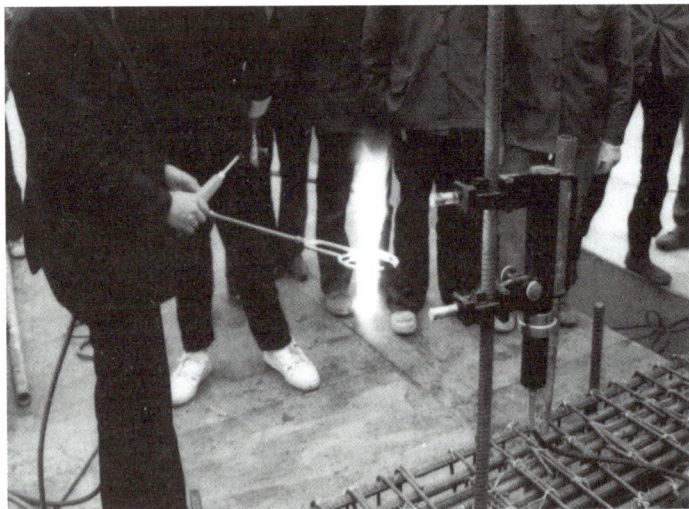

图 8-10 点燃气压焊的焊炬

2）钢筋连接

钢筋气压焊的开始宜采用碳化焰，对准两钢筋接缝处集中加热，并使其内焰包住缝隙，防止钢筋端面产生氧化。在确认两根钢筋缝隙完全密合后，应改用中性焰，以压焊面为中心，在两侧各一倍钢筋直径长度范围内往复宽幅加热。钢筋端面的合适加热温度应为 1150 ~ 1250℃，钢筋镦粗区表面的加热温度应稍高于该温度，并随钢筋直径大小而产生温度梯差，如图 8-11、图 8-12 所示。

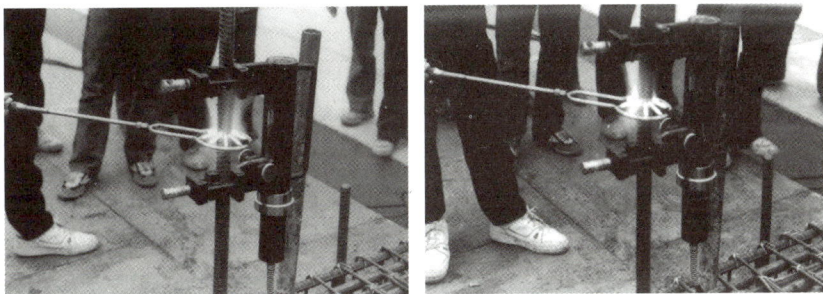

图 8-11　加热钢筋

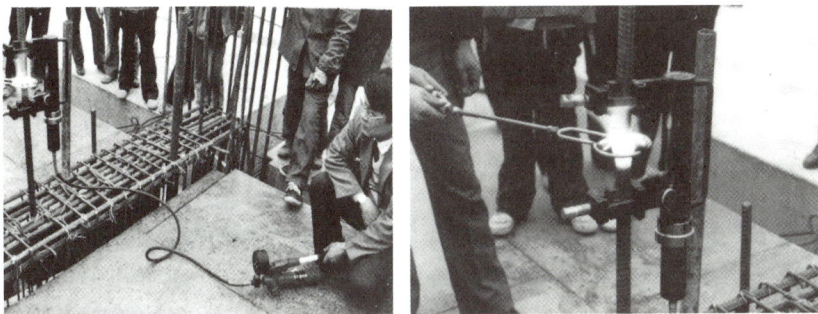

图 8-12　连接钢筋

　　焊炬点燃后，套入钢筋连接部位，先用强焰对连接部位上下轻微移动加热。随后用强焰对钢筋端面加热，再集中用中焰加热，使钢筋连接的两端面加热至热塑状态。

　　待钢筋两连接端面加热至热塑状态后，连接手动液压加压器，逐渐对上、下两钢筋加压。

　　3）焊接接头

　　钢筋气压焊中，通过最终的加热加压，应使接头的镦粗区形成规定的合适形状；然后停止加热，略为延时，卸除压力，拆下焊接夹具，如图 8-13 所示。

图 8-13　钢筋气压焊焊接接头

（4）质量检查

在焊接生产中焊工应认真自检，若发现偏心、弯折、镦粗直径及长度不够、压焊面偏移、环向裂纹、钢筋表面严重烧伤、接头金属过烧、未焊合等质量缺陷，应切除接头重焊，并查找原因及时消除。

3. 闪光对焊

钢筋闪光对焊是利用对焊机使两段钢筋接触，通过低电压的强电流，待钢筋被加热到一定温度变软后，进行轴向加压顶锻，形成对焊接头。闪光对焊主要包括连续闪光焊、预热闪光焊和闪光预热闪光焊，如图 8-14 所示。对焊机如图 8-15、图 8-16 所示。

10. 闪光对焊

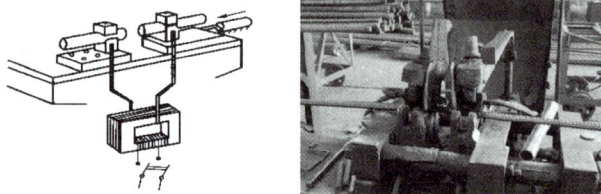

图 8-14 闪光对焊示意图

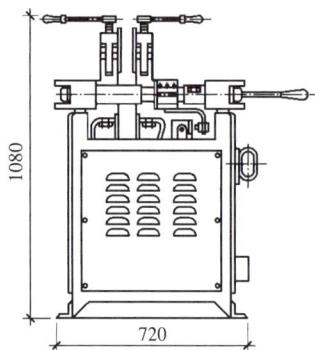

图 8-15 UN1-75 型手动对焊机

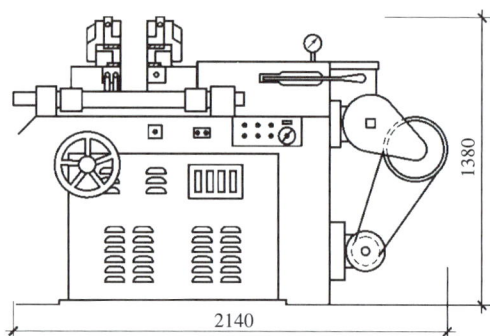

图 8-16 UN2-150 型自动对焊机

（1）连续闪光焊

连续闪光焊在工艺过程包括连续闪光和顶锻过程。连续闪光焊一般用于焊接直径在 22mm 以内的 HRB335、HRB400 和 RRB400 级钢筋和直径在 16mm 以内的 HRB500 级钢筋。不同直径钢筋焊接时，截面比不宜超过 1.5。

连续闪光对焊工艺过程为：

闭合电路→闪光（两钢筋端面轻微接触）→连续闪光加热到将近熔点（两钢筋端面徐徐移动接触）→带电顶锻→无电顶锻。

（2）预热闪光焊

预热闪光焊，即在连续闪光焊接之前，增加一次预热过程，是在闭合电源后使两钢筋端面交替地接触和分开，这时在钢筋端面的间隙中即发出断续的闪光而形成预热过程。

适于焊接直径 16 ~ 32mm 的 HRB335、HRB400 和 RRB400 级钢筋及直径 12 ~ 28mm 的 HRB500 级钢筋。特别适用于直径 25mm 以上且端面较平整的钢筋。

预热闪光对焊工艺过程为：闭合电路→断续闪光预热（两钢筋端面交替接触和分开）→连续闪光加热到将近熔点（两钢筋端面徐徐移动接触）→带电顶锻→无电顶锻。

（3）闪光预热闪光焊

闪光预热闪光焊即在预热闪光焊前再增加一次闪光过程，使钢筋预热均匀。闪光预热闪光焊比较适宜焊接直径大于 25mm 且端面不够平整的钢筋，这是闪光对焊中最常用的一种方法，如图 8-17 所示。

图 8-17　钢筋闪光预热闪光焊图

闪光预热闪光对焊工艺过程为：闭合电路→一次闪光闪平端面（两钢筋端面轻微徐徐接触）→断续闪光预热（两钢筋端面交替接触和分开）→二次连续闪光加热到将近熔点（两钢筋端面徐徐移动接触）→带电顶锻→无电顶锻。

焊接工艺方法选择：当钢筋直径较小，钢筋级别较低，可采用连续闪光焊。当钢筋直径较大，端面较平整，宜采用预热闪光焊；当端面不够平整，则应采用闪光预热闪光焊。

Ⅳ级钢筋焊接时，无论直径大小，均应采取预热闪光焊或闪光预热闪光焊工艺。

4. 机械连接

钢筋机械连接是通过连接件的机械咬合作用或钢筋端面的承压作用，使两根钢筋能够传递力的连接方法。常用的机械连接接头有：挤压套筒接头、锥螺纹套筒接头和直螺纹套筒接头，如图 8-18 ~ 图 8-20 所示。

11. 套筒冷挤压连接

（1）锥螺纹套筒连接

锥螺纹套筒连接原理：将两根待连接钢筋端头用套丝机做出锥形外丝，然后用带锥形内丝的套筒将钢筋两端拧紧形成整体，如图 8-21 所示。

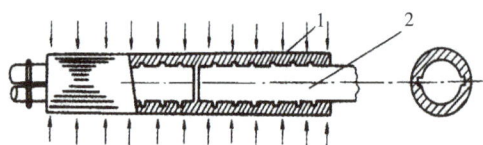

图 8-18　钢筋径向挤压连接原理图

1—钢套筒；2—被连接的钢筋

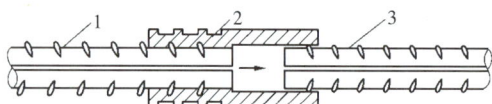

图 8-19　套筒挤压连接

1—已挤压的钢筋；2—钢套筒；3—未挤压的钢筋

图 8-20　钢筋挤压连接

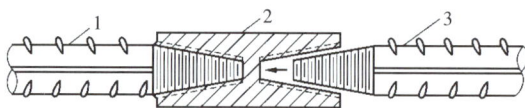

图 8-21　锥螺纹套筒连接

1—已连接的钢筋；2—锥螺纹套筒；3—未连接的钢筋

1）锥螺纹套筒连接优点：造价低、接头可靠、操作简单、不用电源、全天候施工、对中性好、施工速度快。

2）锥螺纹套筒的材质：对 HRB335 级钢筋采用 30 ～ 40 号钢，对 HRB400 级钢筋采用 45 号钢。

锥螺纹套筒的尺寸应与钢筋端头锥螺纹的牙形与牙数匹配，并应满足承载力略高于钢筋母材的要求。

钢筋锥螺纹的检查：对已加工的丝扣端要用牙形规逐个进行自检，如图 8-22、图 8-23 所示。

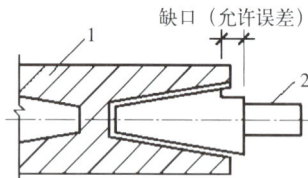

图 8-22　用锥螺纹塞规检查套筒

1—锥螺纹套筒；2—锥螺纹塞规

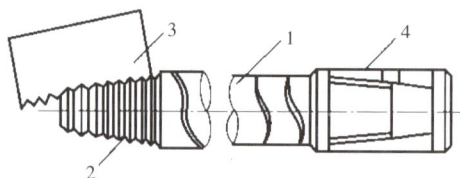

图 8-23　牙形规检查

1—钢筋；2—锥螺纹；3—牙形规；4—卡规

（2）直螺纹套筒连接

直螺纹套筒连接施工工艺为：

1）钢筋端部镦粗；

2）切削直螺纹；

3）用连接套筒对接钢筋，如图 8-24 所示。

钢筋镦粗用的镦头机能自动实现对中、夹紧、镦头等工序。

图 8-24　钢筋直螺纹套筒连接

【知识拓展】

钢筋连接技术要求

1. 钢筋连接原则

（1）接头应尽量设置在受力较小处，应避开结构受力较大的关键部位。抗震设计时避开梁端、柱端箍筋加密范围，如必须在该区域连接，则应采用机械连接或焊接。

（2）在同一跨度或同一层高内的同一受力钢筋上宜少设连接接头，不宜设置 2 个或 2 个以上接头。

（3）接头位置宜互相错开，在连接范围内，接头钢筋面积百分率应限制在一定范围内。

（4）在钢筋连接区域应采取必要的构造措施，在纵向受力钢筋搭接长度范围内应配置横向构造钢筋或箍筋。

（5）轴心受拉及小偏心受拉杆件（如桁架和拱的拉杆）的纵向受力钢筋不得采用绑扎搭接接头。

（6）当受拉钢筋的直径 $d > 25mm$ 及受压钢筋的直径 $d > 28mm$ 时，不宜采用绑扎搭接接头。

2. 位于同一连接区段内的受拉钢筋搭接接头面积百分率：

（1）梁类、板类及墙类构件，不宜大于 25%。

（2）柱类构件，不宜大于 50%。

（3）当工程中需要增大受拉钢筋搭接接头面积百分率时，梁类构件不宜大于 50%；板类、墙类及柱类构件，可根据实际情况放宽。

梁板受弯构件，按一侧纵向受拉钢筋面积计算搭接接头面积百分率，即上部、下部钢筋分别计算；柱、剪力墙按全截面钢筋面积计算搭接接头面积百分率。

搭接钢筋接头除应满足接头百分率的要求外，宜间隔式布置，不应相邻连续布置，如钢筋直径相同，接头面积百分率 50% 时隔一搭一，接头面积百分率 25% 时隔三搭一。

直径不相同钢筋搭接时，不应因直径不同钢筋搭接而使构件截面配筋面积减小；需按较细钢筋直径计算搭接长度及接头面积百分率。同一构件纵向受力钢筋直径不同时，各自的搭接长度也不同，此时搭接区段长度应取相邻搭接钢筋中较大的搭接长度计算。

【能力测试】

1. 填空题

（1）钢筋连接接头应尽量设置在受力（　　）处，应避开结构受力较大的（　　）部位。

（2）在同一跨度或同一层高内的同一受力钢筋上宜（　　）连接接头，不宜设置（　　）个或（　　）个以上接头。

（3）当受拉钢筋的直径 $d > 25mm$ 及受压钢筋的直径 $d > 28mm$ 时，（　　）采用绑扎搭接接头。

（4）钢筋（　　）焊接头或（　　）焊接头的焊缝厚度 h 应不小于 0.3 倍主筋直径；焊缝宽度 b 不应小于 0.7 倍主筋直径。

（5）锥螺纹套筒的尺寸，应与钢筋端头锥螺纹的（　　）与（　　）匹配，并应满足承载力略高于钢筋母材的要求。

2. 选择题

（1）不属于电弧焊接头形式的是（　　）。

A. 帮条焊　　　　B. 搭接焊　　　　C. 坡口焊　　　　D. 电阻点焊

（2）钢筋的技术性能包括（　　）两个方面。

A. 力学性能　　　B. 抗拉强度　　　C. 冷弯　　　　D. 工艺性能

（3）当荷载超过屈服点后，由于试件内部组织结构发生变化，抵抗外力变形的能力又提高，故称为（　　）。

A. 弹性阶段　　　B. 强化阶段　　　C. 颈缩阶段　　　　D. 屈服阶段

（4）钢筋镦粗用的镦头机能自动实现（　　）等工序。

A. 连接　　　　B. 对中　　　　C. 夹紧　　　　D. 镦头

（5）钢筋机械连接是通过连接件的机械咬合作用或钢筋端面的承压作用，使两根钢筋能够传递力的连接方法。常用的机械连接接头有（　　）。

A. 挤压套筒接头　　B. 光圆套筒接头　　C. 螺纹套筒接头　　D. 直螺纹套筒接头

【实践活动】

1. 活动任务

根据如图 2-1 所示的平法施工图，完成一根现浇框架柱 KZ3 纵向钢筋连接，采用电渣压力焊焊接方法，各小组独立完成。

2. 活动组织

项目实施中，对学生进行分组，4～5 人组成 1 个工作小组，组长进行任务分配。各小组独立完成任务，组长协助教师指导本组学生，检查项目进程和质量，制定改进措施，共同完成项目任务。

3. 活动时间

6 学时。

4. 活动工具（表 8-1）

钢筋连接使用材料工具表　　　　　　　　　　　　　表 8-1

序号	类别	名称	用量	备注
1	材料	钢筋	10kg/工位	
2	工具	自动电渣压力焊设备	1 台	
3		钢丝刷	2 把/工位	手工除锈
4		焊剂	1 盒/工位	
5		钢卷尺	2 把/工位	
6		安全帽、手套	4 副/工位	

5. 活动评价

项目完成后，先自我评价，随后小组互评，最后由教师小结，见表 8-2。

项目考核评价表　　　　　　　　　　　　　表 8-2

序号	检查项目	要求/允许偏差	评分标准	标准分值	学生自评	学生互评	教师考评	最后得分
1	钢筋安装 外观质量	均匀光泽	不符合扣2分	5				
	钢筋的偏心		钢筋中心线没有对齐	10				
	钢筋弯折		钢筋接头处呈现角度	10				
	焊包不饱满		接头焊包不饱满均匀	10				
	钢筋接头处烧伤		接头部位钢筋被烧伤	10				
2	操作工艺		操作方法、程序正确，全错无分，局部错1处扣2分，扣完为止	20				
3	安全、文明施工	是否存在安全隐患	是　否	10				
		是否遵守纪律	是　否	5				
		是否做到工完场清	是　否	5				
		是否正确的使用、维护工具	是　否	5				
4	工效	240 分钟	时间到达，即刻停止一切操作	10				
	合计			100				

注：序号1的检查项目由学生自评、学生互评、教师考评，序号2、3、4的检查项目由教师考评。

项目 9
钢筋安装

项目 9 思维导图

【项目概述】

　　钢筋的安装是形成钢筋混凝土结构构件的钢筋骨架，是钢筋工程施工的最后一道工序，也是最重要的一道工序。在钢筋混凝土工程中，模板安装、钢筋绑扎、混凝土浇捣常在同一工作面上进行，为了保证质量，提高工作效率，需要掌握钢筋绑扎、安装的基础知识。

　　本项目以一个框架结构为例，从识读施工图纸开始，到梁板钢筋的绑扎安装，安排好梁板内钢筋的绑扎顺序，先进行主、次梁钢筋的绑扎，再进行板钢筋的绑扎。

【学习目标】

　　通过本项目的学习，你将能够：
　　(1) 按照国家施工验收标准进行安装；
　　(2) 严格按照安全操作规程进行项目作业；
　　(3) 按照文明生产要求进行项目作业；
　　(4) 按照环境保护要求进行项目作业。

【项目描述】

　　某办公楼，框架结构，抗震等级为三级，框架梁、板的混凝土强度等级为 C25，梁钢筋混凝土保护层厚度为 25mm，板钢筋混凝土保护层厚度为 15mm。当受力钢筋直径 ≥ 22mm 时，采用焊接或机械连接，其余的钢筋采用绑扎搭接连接。完成其中 KL4 (2A) 和 LB1 的钢筋绑扎。

【学习支持】

　　(1)《建筑工程施工质量验收统一标准》GB 50300—2013；

（2）《混凝土结构工程施工质量验收规范》GB 50204—2015；

（3）《混凝土结构工程施工规范》GB 50666—2011；

（4）《混凝土结构施工图平面整体表示方法制图规则和构造详图（现浇混凝土框架、剪力墙、梁、板）》22G101—1；

（5）《混凝土结构施工钢筋排布规则与构造详图（现浇混凝土框架、剪力墙、梁、板）》18G901—1。

【项目实施】

采用"五步法"完成本项目钢筋绑扎安装工作，具体为准备工作→绑扎梁钢筋→绑扎板钢筋→绑扎柱钢筋→质量检查。

1. 准备工作

钢筋绑扎、安装的准备工作就是为了使钢筋的绑扎和安装施工能够正确地、高效地按照技术标准和施工要求进行，所做的检查、布置、备料、核对等一系列工作。

（1）认真阅读施工图纸

施工图是施工操作的基本依据，进行钢筋绑扎施工前，应熟悉施工图中钢筋的形状尺寸、数量、位置以及构件的位置、标高等。

（2）认真核对钢筋配料单和成品钢筋的数量、规格

钢筋配料单是钢筋工程施工中对所需工料的配备文件。在钢筋施工前，一定要核对钢筋配料单，检查钢筋的规格、形状、数量是否与施工图一致；还应检查已加工好的成品钢筋规格、形状、数量是否正确，有无错配、漏配的钢筋。

（3）熟练掌握钢筋绑扎、安装的顺序

施工总要有一个操作的顺序，钢筋绑扎、安装过程中，其工作顺序是否正确，往往是施工能否顺利进行的关键。因此在熟悉图纸的基础上，要对钢筋绑扎、安装顺序做到心中有数。

（4）做好工具、材料准备

准备好绑扎钢筋用的铁丝、绑扎工具、绑扎架以及吊装运输设备等，如扳手、钢筋扎钩（图 9-1）、小撬棍（图 9-2）、画线尺、垫块等。

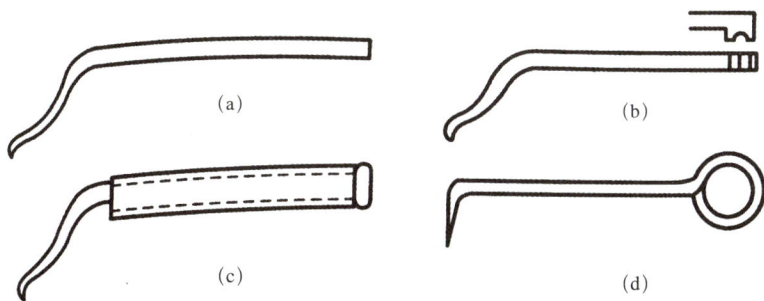

图 9-1 常用钢筋扎钩

(a) 一般扎钩；(b) 小扳口扎钩；(c) 套筒扎钩；(d) 圆环扎钩

图 9-2　小撬棍

2. 绑扎梁钢筋

（1）模内绑扎

模板上画箍筋位置线→放置箍筋→摆主梁吊筋和纵筋→穿次梁吊筋和纵筋→放主梁架立筋→放次梁架立筋→绑扎。

操作要点：

1）模板上画箍筋位置线：根据施工图要求，按钢筋间距分别在主梁、次梁的底模板上画出箍筋的间距线。

2）放置箍筋：按所画标志（箍筋位置线）将箍筋逐个放开。

3）摆主梁吊筋和纵向钢筋：按预定的绑扎方案摆放主梁吊筋和纵向钢筋。

4）穿次梁吊筋和纵向钢筋：次梁吊筋和主梁钢筋配合穿放。

5）放主梁架立筋和次梁架立筋。

6）绑扎：绑扎梁上部纵向钢筋的箍筋，宜用套扣法绑扎，如图 9-3 所示。在绑扎时，先隔一定间距将下层吊筋与箍筋绑牢，然后绑架立筋，再绑主筋。箍筋弯钩的叠合处应在梁中交错绑扎在不同架立筋上。

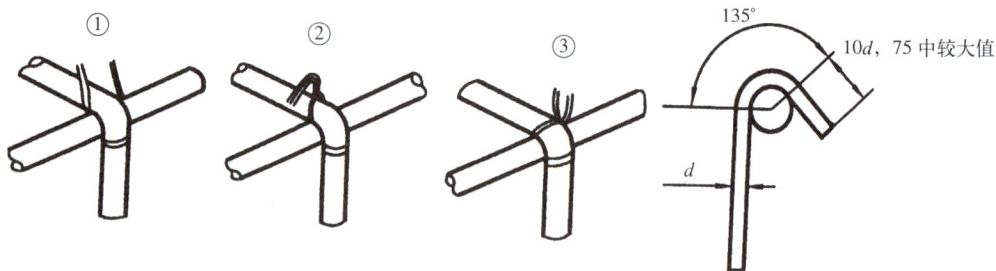

图 9-3　梁钢筋套扣法绑扎

梁主筋有双排钢筋时，为保证两层钢筋之间的净距，可用直径为 25mm 的短钢筋垫在两层钢筋之间，钢筋净距如图 9-4 所示。

当梁的受拉钢筋直径等于或大于 25mm 时，不宜采用绑扎连接；小于 25mm 时，可采用绑扎连接。接头的搭接长度应符合受拉钢筋绑扎接头的搭接长度规定，如图 9-5 所示；搭接位置应避开中部最大弯矩处，接头应相互错开。

7）对未绑扎到位的钢筋进行修正，最后在梁钢筋的三面垫上 25mm 厚的垫块，以保证混凝土保护层厚度。

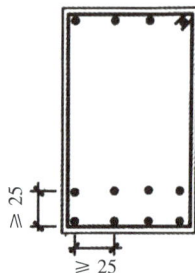

图 9-4　钢筋间距图

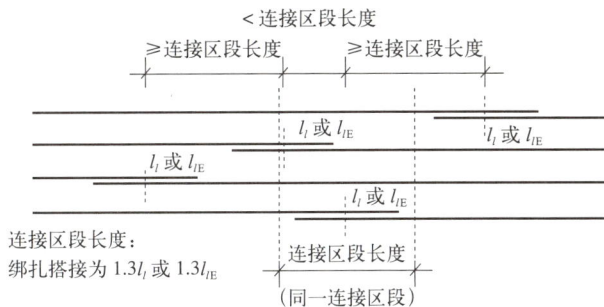

图 9-5　同一连接区段内纵向受拉钢筋绑扎搭接接头

（2）模外绑扎

画箍筋间距→在主、次梁模板上口铺横杆数根→在横杆上面放箍筋→穿主梁下部纵筋→穿次梁下部纵筋→穿主梁上部纵筋→按箍筋间距绑扎→穿次梁上部纵筋→按箍筋间距绑扎→抽出横杆落骨架于模板内。

3. 绑扎板钢筋

在模板上画受力钢筋、分布筋线→摆放板下层受力钢筋、分布筋→绑扎楼板下层的受力钢筋和分布筋→安放电线管→摆放、绑扎板上部钢筋等。

13. 绑扎板钢筋

操作要点：

（1）清理模板上的杂物（可采用空压机送风吹去尘土、木屑等），用粉笔在模板上画好主筋、分布筋间距。

（2）按画好的间距，先摆放受力钢筋，后放置分布钢筋，预埋件、电线管、预留孔等应及时配合安装。

（3）绑扎楼板钢筋时，一般用顺扣或八字扣绑扎，如图 9-6 所示。除外围两排钢筋的相交点全部绑扎外，中间部位的相交点可交错呈梅花状绑扎。双层配筋时，中间应加支撑铁，以保证楼板有效高度。

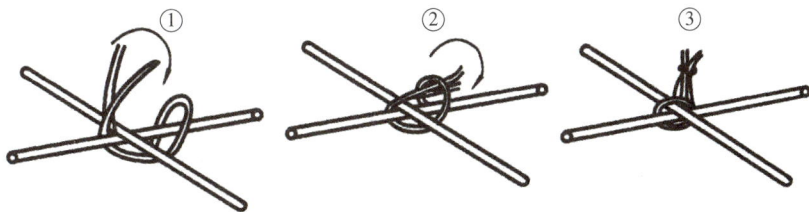

图 9-6　楼板钢筋绑扎

（4）分布筋的每个相交点都要绑扎。

（5）楼板钢筋的搭接，应符合受拉钢筋绑扎接头的搭接长度、受拉焊接骨架和焊接网绑扎接头的搭接长度的要求。

（6）最后垫好垫块，楼板钢筋保护层厚度一般为 10mm，当板厚大于 100mm 时，钢筋保护层厚应为 15mm。

4. 柱钢筋绑扎安装

（1）操作程序

调整插筋位置→套箍筋→立柱子四角的主筋→绑扎插筋接头→立剩余主筋→绑扎成形。

14. 绑扎
柱钢筋

（2）操作要点

调整插筋位置：调整从基础或楼板面伸出的插筋。

套箍筋：计算好柱子共需多少箍筋，并按箍筋弯钩叠合处需要错开的要求，将箍筋逐个整理好，并全部套在插筋上。

立柱子四周的主筋：立柱子钢筋，并与插筋绑扎好，在搭接范围内，绑扎点不少于3个，绑扣应朝里，以便箍筋向上移动。

绑扎插筋接头：柱中竖向钢筋搭接时，角部钢筋的弯钩平面与模板面的夹角，对矩形柱应为45°，对多边形柱应为模板内角的平分角，对圆柱形钢筋的弯钩平面应与模板的切平面垂直。

立剩余主筋：剩余主筋主要是柱子每边中部钢筋，其弯钩平面应与模板面的夹角不得小于15°。

（3）绑扎成形

1）画箍筋间距线：在立好的柱子竖向钢筋上，按图纸要求用粉笔画箍筋间距线。

2）按已画好的箍筋位置线，将已套好的箍筋往上移动，由上往下绑扎，宜采用缠扣绑扎。

3）箍筋与主筋要垂直，箍筋转角处与主筋交点均要绑扎，主筋与箍筋非转角部分的相交点呈梅花交错绑扎。

4）箍筋的弯钩叠合处应沿柱子竖筋交错布置，并绑扎牢固，如图9-7所示。

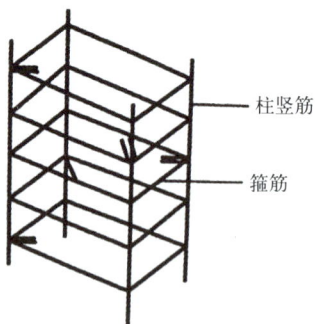

柱竖筋

箍筋

图9-7 柱箍筋交错布置示意图

5）有抗震要求的地区，柱箍筋端头应弯成135°，平直部分长度不小于75mm或10d（d为箍筋直径），如图9-8所示。

6）柱基、柱顶、梁柱交接处箍筋间距应按设计要求加密。柱上下两端箍筋应加密，加密区长度及加密区内箍筋间距应符合设计要求。如设计要求箍筋设拉筋时，拉筋应勾住箍筋，如图 9-9 所示。

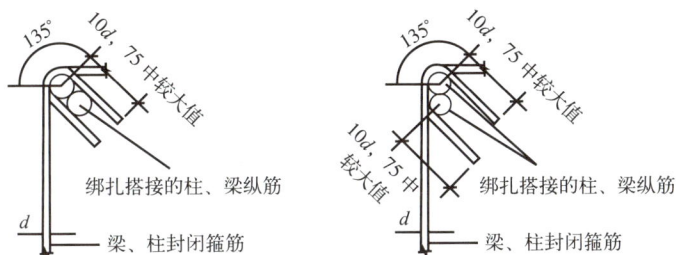

图 9-8　封闭箍筋构造（mm）

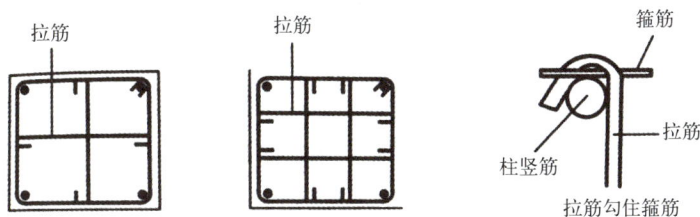

图 9-9　拉筋布置示意图

7）柱筋混凝土保护层厚度应符合规范要求，主筋外皮为 25mm，垫块应绑在柱外层竖筋外侧，间距一般为 1000mm，或用塑料卡环卡在外层竖筋上以保证主筋保护层厚度准确，同时还应在柱脚部位焊控制顶棍和在柱顶面加设主筋定位控制卡，如图 9-10 所示。

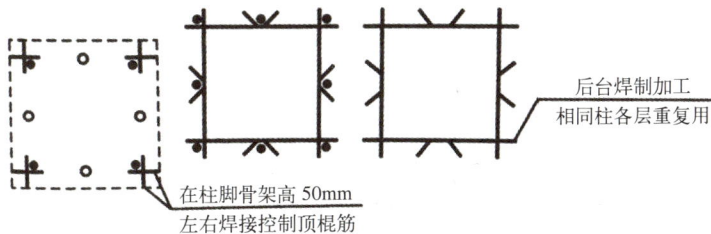

图 9-10　钢筋控制顶棍

5. 质量检查

钢筋安装时，受力钢筋的品种、级别、规格和数量必须符合设计要求。钢筋应安装牢固，受力钢筋的安装位置、锚固方式等应符合要求。

钢筋安装偏差及检验方法应符合表 9-1 的规定。图 9-11 为钢筋安装质量现场检查。

钢筋安装允许偏差和检验方法　　　　　　　　　表 9-1

项目		允许偏差（mm）	检验方法
绑扎钢筋网	长、宽	±10	尺量
	网眼尺寸	±20	尺量连续三档，取最大偏差值
绑扎钢筋骨架	长	±10	尺量
	宽、高	±5	尺量
纵向受力钢筋	锚固长度	-20	尺量
	间距	±10	尺量两端、中间各一点，取最大偏差值
	排距	±5	尺量
纵向受力钢筋、箍筋的混凝土保护层厚度	基础	±10	尺量
	柱、梁	±5	尺量
	板、墙、壳	±3	尺量
绑扎钢筋、横向钢筋间距		±20	尺量连续三档，取最大偏差值
钢筋弯起点位置		20	尺量，沿纵、横两个方向量测，并取其中偏差的较大值
预埋件	中心线位置	5	尺量
	水平高差	+3，0	塞尺量测

图 9-11　钢筋安装质量检查

6. 钢筋安装时的注意事项

（1）高空作业时，不得将钢筋集中堆放，也不要把工具随意放在脚手板上，以免滑落伤人。

（2）手工搬运钢筋必须带好手套，多人运送钢筋，起落、转、停动作要一致，人工上下传递不得在同一垂直线上。

（3）用吊车吊运钢筋骨架，必须由司索工绑扎，严禁钢筋工参与绑扎，指挥吊运工作，起吊时，下方禁止站人，必须待钢筋降落到地面时方可靠近，就位支撑好后方可摘钩。

（4）绑扎基础钢筋时，应按施工要求摆放钢筋支架或马凳架起上部钢筋，不得任意减少支架或马凳。

（5）不准将钢筋原材料、半成品、成品堆放在外脚手架和孔洞临边处。严禁在脚手架上拖拉钢筋。

（6）施工场地排绑钢筋时，要时刻注意场地的设备、开关箱、电源线和人员，防止钢筋触伤他人及设备的传运部位，触及带电部位造成事故。

【知识拓展】

某办公楼在施工时，在钢筋绑扎安装时，遇到以下情况，请根据钢筋在安装中的注意事项及规范要求，对下列现场施工中的现象进行判断，如出现施工不规范，请帮忙指正，填写工地质量检查记录（表9-2），并说出原因，以便及时进行改正。

15. 知识拓展参考答案

（1）请判断图 9-12 中墙、柱根部钢筋上水泥浆是否已清理干净？

图 9-12　墙、柱根部钢筋

（2）请判断图 9-13 的箍筋起步距是否符合要求？

判断标准：1）柱第一根箍筋距两端 ≤ 50mm。

2）剪力墙第一根水平墙筋距离混凝土板面 ≤ 50mm。

图 9-13　箍筋起步距

3）剪力墙暗柱第一根箍筋距离混凝土板面≤30mm（暗柱箍筋与墙水平筋错开20mm以上，不得并在一起）。

4）暗柱边第一根墙筋距柱边的距离≤1/2竖向分布钢筋间距。

5）连系梁距暗柱边箍筋起步≤50mm。

（3）请判断图9-14的箍筋加密区是否符合要求？

判断标准：墙柱竖筋搭接要求：长度满足设计及规范要求，搭接处保证有三根水平筋。绑扎范围不少于三个扣。墙柱立筋50%错开，其错开距离不小于相邻接头中–中1.3倍搭接长度。搭接区需加密。

图9-14　箍筋加密区

（4）请判断图9-15的钢筋绑扎是否正确？

判断标准：箍筋的接头应沿柱子立筋交错布置绑扎，箍筋与立筋要垂直，绑扣丝头应向里。绑扣相互间应成八字形。

图9-15　钢筋绑扎

（5）请判断图9-16的梁纵向钢筋净间距是否正确？

判断标准：梁各层纵筋净间距不应小于25mm。

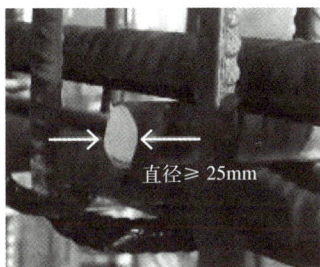

图 9-16　梁纵向钢筋净间距

（6）请判断图 9-17 的梁钢筋安装是否规整？

判断标准：梁箍筋与主筋要垂直，规整摆放，不得歪斜。

图 9-17　梁钢筋安装

（7）请判断图 9-18 的马凳筋摆放位置是否正确？

判断标准：

马凳设置：

1）马凳高度 = 板厚 - 保护层 ×2 - 两排钢筋直径。马凳垫于上下层钢筋之间。严禁将马凳直接搁置在模板上。

2）设置间距不大于 1m，且高度满足保护层要求，制作符合要求。

3）马凳应与板筋扎牢。

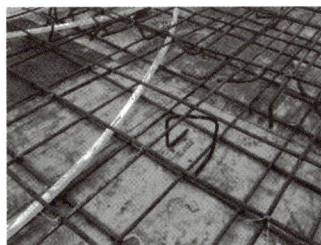

图 9-18　马凳筋的摆放位置

（8）请判断图 9-19 的钢筋接头数量是否正确？

判断标准：纵向受力钢筋机械连接接头及焊接接头连接区段的长度为 35d，且不小于 500mm,同一连接区段内,纵向受力钢筋的接头面积百分率应符合设计要求。

图 9-19　钢筋接头数量

(9)请判断图 9-20 的柱纵向钢筋放置位置是否正确?

图 9-20　柱纵向钢筋放置位置

工地质量检查记录表　　　　　　　　　　　　　　　　表 9-2

工程名称:

序号	部位	出现问题	原因分析	记录人	日期
1					
2					
3					
4					
5					
6					
7					
8					
9					

【能力测试】

1. 填空题

(1) 用砂浆垫块保证主筋保护层的厚度，垫块应绑在主筋（　　）。（填内侧或外侧）

(2) 当现场绑扎时主筋使用错误，应（　　）。

(3) 钢筋安装检查中，箍筋间距允许偏差为（　　）。

(4) 有抗震要求的地区，柱箍筋端头应弯成（　　），平直部分长度不小于（　　）。

2. 选择题

(1) 钢筋安装检查中，弯起钢筋位置允许偏差为（　　）。

A. ±10mm　　　　B. ±15mm　　　　C. ±20mm　　　　D. ±25mm

(2) 绑扎钢筋一般采用（　　）的铁丝作为扎丝。

A. 10～22号　　　B. 20～22号　　　C. 15～25号　　　D. 20～30号

(3) 绑扎双层钢筋时，应先绑扎（　　）的钢筋。

A. 都可以　　B. 顺手的一侧钢筋　　C. 靠近自己一侧的钢筋　　D. 立模板一侧的钢筋

(4) 混凝土浇筑前，应对垫块的位置、数量和（　　）进行检查，不符合要求时应及时处理，应保证钢筋的混凝土保护层厚度满足设计要求和规范要求。

A. 紧固程度　　　B. 完好程度　　　C. 绑扎方向　　　D. 垫块型号

(5) 钢筋的摆放，受力钢筋放在下面时，弯钩应向（　　）。

A. 上　　　B. 下　　　C. 任意方向　　　D. 水平或45°角

3. 简答题

(1) 简述模外绑扎梁钢筋的操作程序。

(2) 钢筋绑扎、安装前的准备工作有哪些？

【实践活动】

1. 活动任务

根据如图 3-1 所示的平法施工图，完成现浇框架梁 KL219（2）钢筋绑扎安装。

2. 活动组织

项目实施中，对学生进行分组，3～4人组成1个工作小组，组长进行任务分配。各小组制定出钢筋绑扎安装方案及工作计划，组长协助教师指导本组学生，检查项目进度和质量，制订改进措施，共同完成项目任务。

3. 活动时间

6学时。

4. 活动工具（表9-3）

钢筋安装使用材料工具表　　　　　　　　表 9-3

序号	类别	名称	用量	备注
1	材料	绑扎丝	1kg／工位	
2		铁架子	6 个／工位	用于框架梁安装时支撑
3		断线钳	1 把／工位	剪断用于加工箍筋的钢筋
4	工具	线	8 根／工位	柱边的位置用线扎好留空示意
5		钢筋钩子	4 个／工位	
6		钢卷尺	2 把／工位	
7		安全帽、手套	4 副／工位	

5. 活动评价

按时间、质量、安全、文明等要求进行考核。学生按照表 9-4 项目考核评价表进行自评，然后进行组内互评，最后由教师进行总结。

项目考核评价表　　　　　　　　表 9-4

序号	检查项目		要求/允许偏差	评分标准	标准分值	评分			最后得分
						学生自评	学生互评	教师考评	
1	钢筋安装	整体质量		查看整体感觉	4				
		绑扎钢筋骨架 长	±10mm	测 2 点，每超过 1 处扣 2 分	4				
		绑扎钢筋骨架 宽、高	±5mm	测 4 点，每超过 1 处扣 2 分	8				
		受力钢筋间距	±10mm	测 2 点，每超过 1 处扣 2 分	4				
		受力钢筋排距	±5mm	超过扣 4 分	4				
		绑扎箍筋间距	±20mm	测 2 点，每超过 1 处扣 4 分	8				
		钢筋弯起点位置、弯起角度	20mm	位置超过扣 2 分，角度超过扣 2 分	6				
		箍筋位置	±10mm	超过扣 4 分	4				
		箍筋数量		错一根扣 1 分，扣完为止	4				
		箍筋与主筋的垂直度	±3°	在允许误差内不扣分，反之超过一处扣 1 分，扣完为止	4				
		绑扎松紧、漏扎程度		松动扣 1 分，漏扎一处扣 1 分，扣完为止	6				
		弯钩的朝向		错一处扣 1 分，扣完为止	4				
		箍筋闭合的位置		错一处扣 1 分，扣完为止	4				
2	操作工艺			操作方法、程序正确，全错无分，局部错 1 处扣 2 分，扣完为止	8				
3	安全、文明施工	是否存在安全隐患		是　　否	4				
		是否遵守纪律		是　　否	4				
		是否做到工完场清		是　　否	6				
		是否正确的使用、维护工具		是　　否	4				
4	工效		240 分钟	时间到达，即刻停止一切操作	10				
	合计				100				

注：序号 1 的检查项目由学生自评、学生互评、教师考评，序号 2、3、4 的检查项目由教师考评。

项目 10
钢筋翻样软件应用

项目 10 思维导图

【项目概述】

　　钢筋加工前应根据图样进行配料计算，传统方式是通过人工计算出各种钢筋的下料长度、总根数及钢筋总重量，然后编制钢筋配料单，作为钢筋备料、加工的依据。目前建筑已逐渐向超高层、大跨度等方向发展，人工计算工程量巨大，对相关人员要求较高。随着 BIM 技术的发展，各类工程项目软件也逐渐发展成熟，广联达公司在钢筋翻样方面推出了云翻样软件。本项目对云翻样软件的操作进行简单介绍，主要包括：工程设置操作，两种录入方式：表格录入和构件法输入（主要介绍构件法——梁）的相关操作流程，并最终能分别用两种不同录入方式生成构件的钢筋配料单。

【学习目标】

　　通过本项目的学习，学生将能够：

（1）熟练运用云翻样软件进行工程设置；

（2）熟悉云翻样软件的两种录入方式：表格录入和构件法输入；

（3）使用云翻样软件进行常用钢筋混凝土构件的翻样，生成料单并输出。

【学习支持】

（1）《建筑工程施工质量验收统一标准》GB 50300—2013；

（2）《混凝土结构工程施工质量验收规范》GB 50204—2015；

（3）《混凝土结构工程施工规范》GB 50666—2011；

（4）《混凝土结构施工图平面整体表示方法制图规则和构造详图（现浇混凝土框架、剪力墙、梁、板）》22G101—1；

（5）《混凝土结构施工钢筋排布规则与构造详图（现浇混凝土框架、剪力墙、梁、板)》18G901—1。

【项目实施】

广联达云翻样软件是广联达推出的钢筋施工翻样软件，云翻样软件通过绘制或导入CAD电子图纸、预算工程快速建立建筑模型，能够按照施工要求自动完成各类构件的翻样计算，从而实现高效、轻松地翻样计算。

1.表格录入

（1）软件安装登录

下载安装包，双击安装。安装完毕点击立即体验，登录进入主页面。

（2）工程设置

1）录入料单前进行工程设置，如图10-1所示。设置中计算规则不能修改，日期自动生成，其余根据工程要求进行修改。

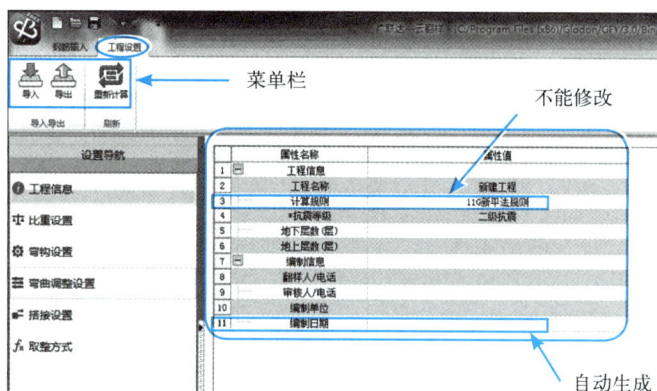

图 10-1　工程设置

2）比重设置：包括普通钢筋、冷轧带肋钢筋和冷轧扭钢筋三个页签，如图10-2所示。

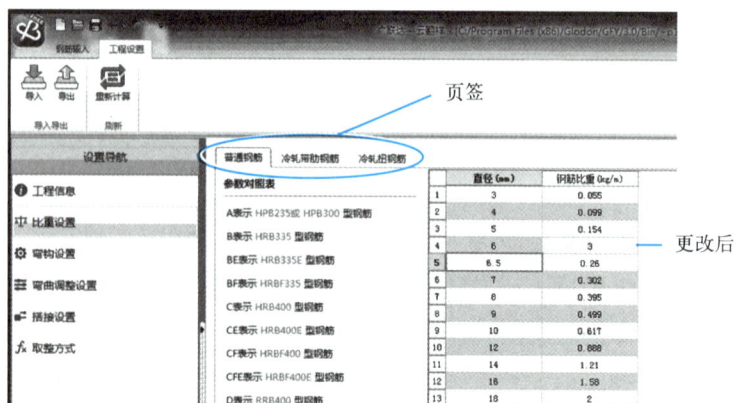

图 10-2　比重设置

根据图纸进行修改，修改完成后钢筋比重为黄色。

3）弯钩设置：包括箍筋弯钩设置、拉筋弯钩设置和直筋弯钩设置三个页签，如图10-3所示。

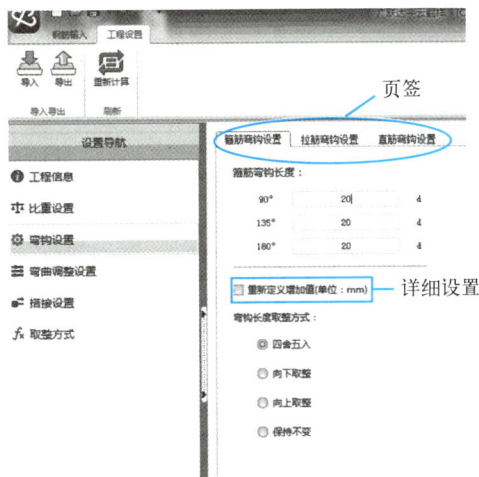

图 10-3　弯钩设置

以箍筋弯钩设置为例：默认弯钩长度按20d计算，取整方式为四舍五入，可修改。想进一步详细设置，可勾选"重新定义增加值"，勾选后数据重新计算，右侧得出相应表格，如图10-4所示，表格内数据可修改，修改方式可直接输入数值或d的倍数，表格支持快速填充，根据需要自行选择。

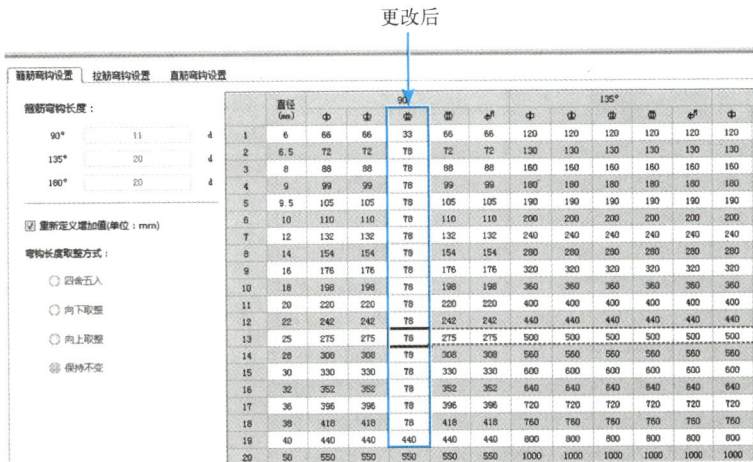

图 10-4　重新定义增加值计算

4）弯曲调整值设置

软件默认不进行弯曲调整值计算，如要进行计算，勾选"计算弯曲调整值"，默认给出不同角度下的弯曲调整值，可修改。其余设置与弯钩设置类似，如图10-5所示。

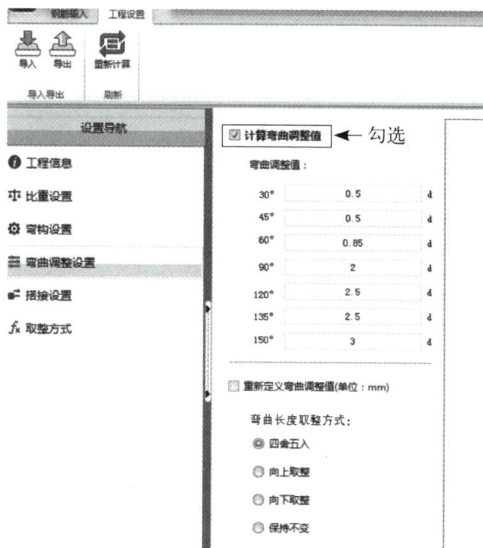

图 10-5　弯曲调整值设置

5）搭接设置

默认"连接形式显示文字"，施工方向二选一，HPB300级钢筋弯钩可勾选。

直径范围和连接形式可根据工程情况进行修改。修改后重新进行计算，如图10-6所示。

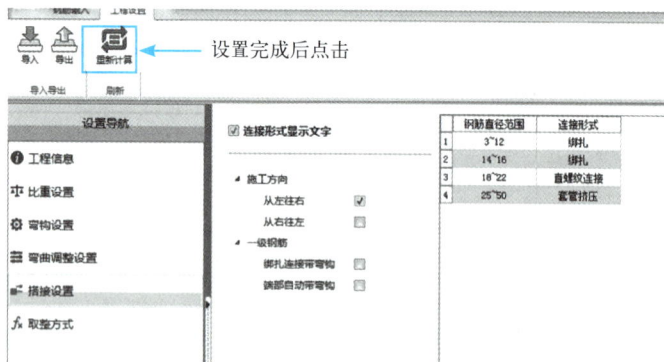

图 10-6　搭接设置

所得结果将在钢筋录入页面显示。

6）取整方式

包括三个部分：根数取整方式、下料取整方式和单位转换，如图10-7所示，根据工程进行设置。

工程设置完毕。可选择将其导出为模板，在下次新建工程时直接导入。

图 10-7　取整方式设置

（3）钢筋录入

1）构件树

构件树下有区域 -1：首层、基础层，如图 10-8 所示。

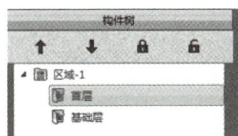

图 10-8　构件树

鼠标选中区域 -1，点击右键，有新建楼层、新建区域、重命名、生成配料单等按钮。

在首层下右键可插入楼层，默认为向上插入，默认为第二层。第二层下右键新建流水段，回车确认。流水段下右键插入构件夹。

在构件夹下建子构件夹，子构件夹下新建构件，如图 10-9 所示。

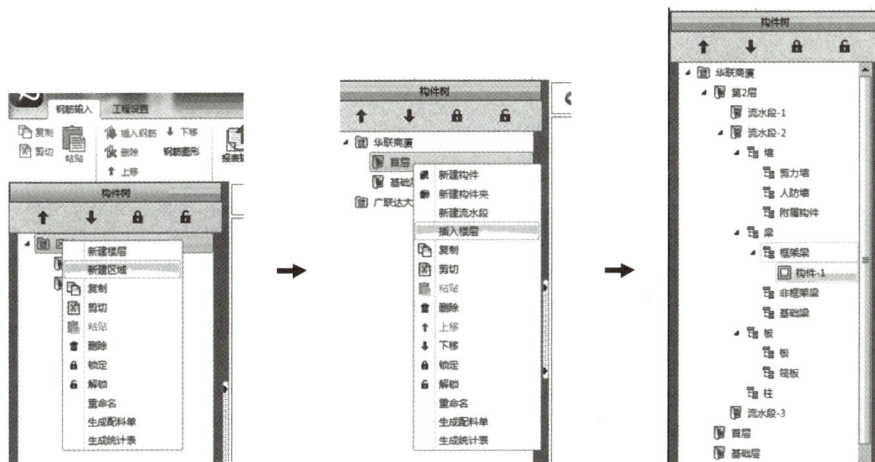

图 10-9　构件树设置

2）基本录入

构件树设置完成后，出现钢筋录入表格，如图 10-10 所示。

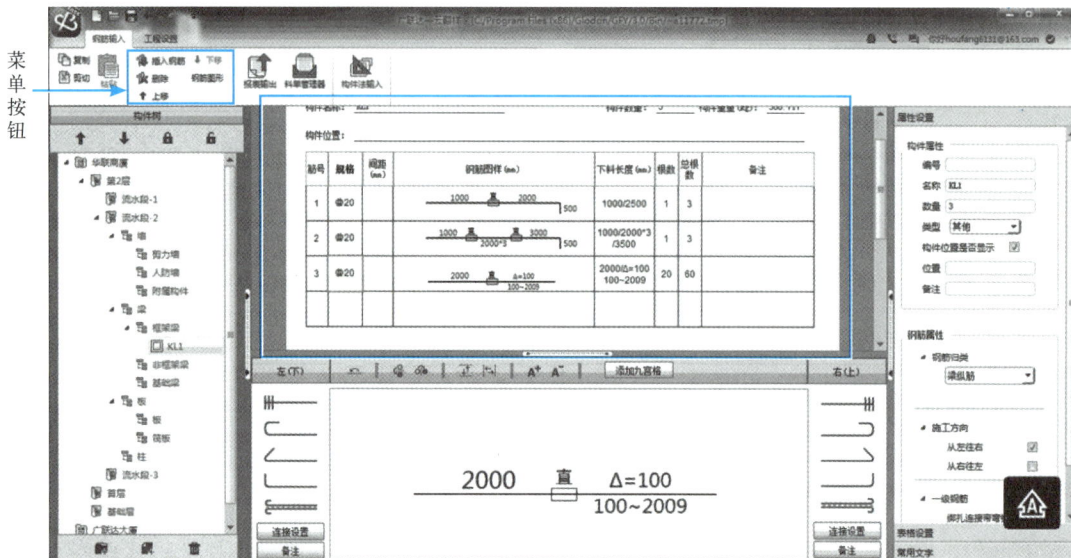

图 10-10　钢筋录入界面

钢筋图样：点击钢筋图形，选择图形和新建图形，如图 10-11 所示。或点击钢筋图样出现九宫格进行选择和新建，如图 10-12 所示。图样中的数值可直接单击修改。

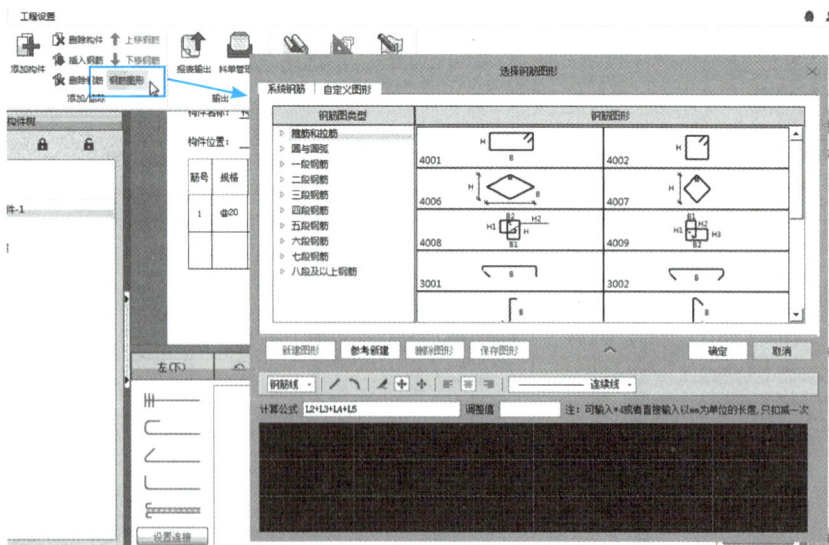

图 10-11　钢筋图样选择

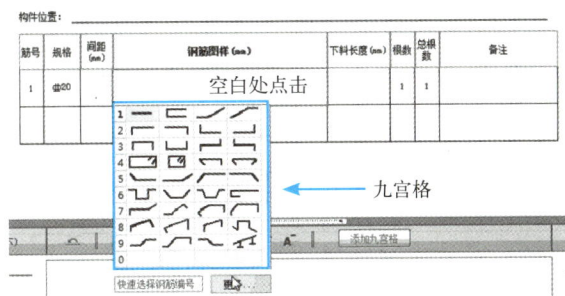

图 10-12　九宫格图样

表格中可右键插入钢筋，默认在选中钢筋行的上一行进行插入，如图 10-13 所示。

图 10-13　插入钢筋

右键菜单或者菜单按钮可对表格中钢筋进行设置。

3）属性设置

可通过右侧属性设置栏对构件属性进行设置。可设置编号、名称、数量、类型、构件位置是否显示。

构件名称修改后，表格上方构件名称和构件树中名称相应更改，如图 10-14 所示。

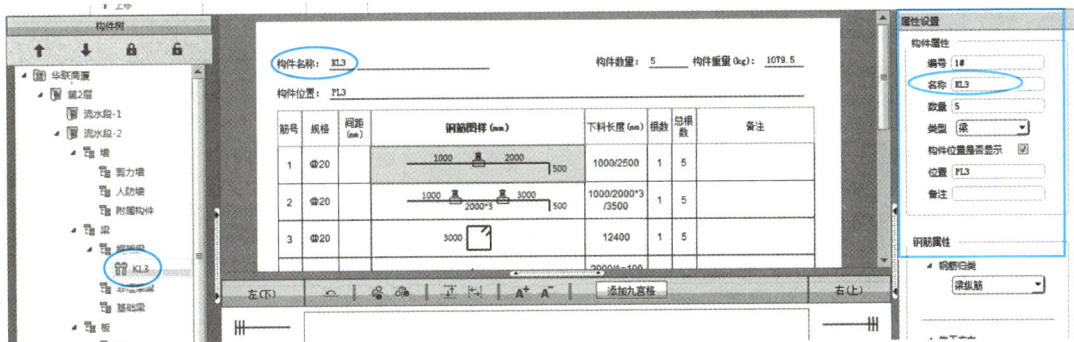

图 10-14　属性设置

4）表格设置

可设置表格中显示列，如图 10-15 所示。

5）常用文字

在常用文字中选择钢筋类别进行备注，默认信息中没有需要的信息可自行编辑，如图 10-16 所示。

图 10-15　表格设置

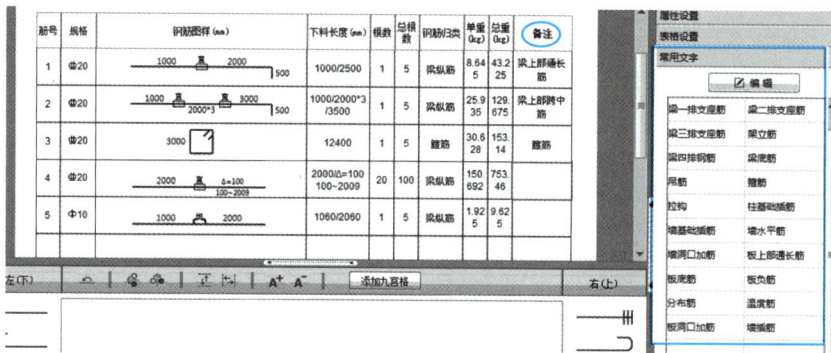

图 10-16　常用文字编辑

6）大样图编辑

选中一根钢筋，其信息直接添加至大样图编辑表格，如图 10-17 所示。

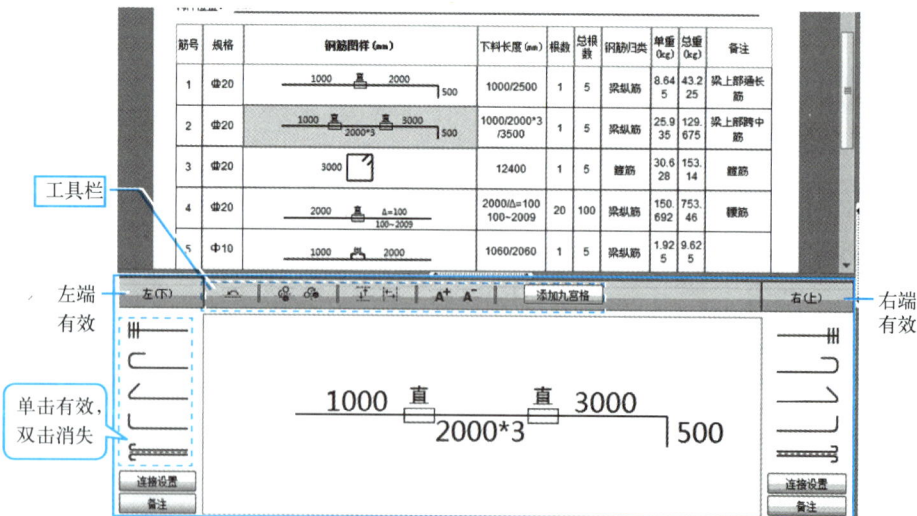

图 10-17　大样图编辑

连接设置：默认直螺纹连接，可点击连接处进行修改，如图 10-18 所示。

数字设置：选中变为蓝色后拖动更改数字位置，双击可更改数字。

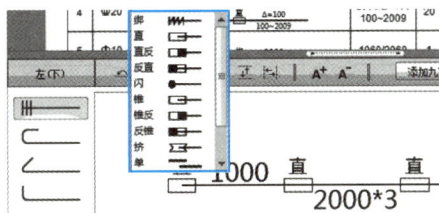

图 10-18　钢筋连接设置

可将编辑好的钢筋设置为模板，点击 [添加九宫格]，提示添加九宫格成功，即可在钢筋图样选择中进行选择。

（4）生成料单

1）生成料单

料单录入完毕后，在构件树中选中要生成配料单的构件，点击右键生成配料单，如图 10-19 所示。生成的配料单可保存、打印、导出 PDF、导出 Excel。

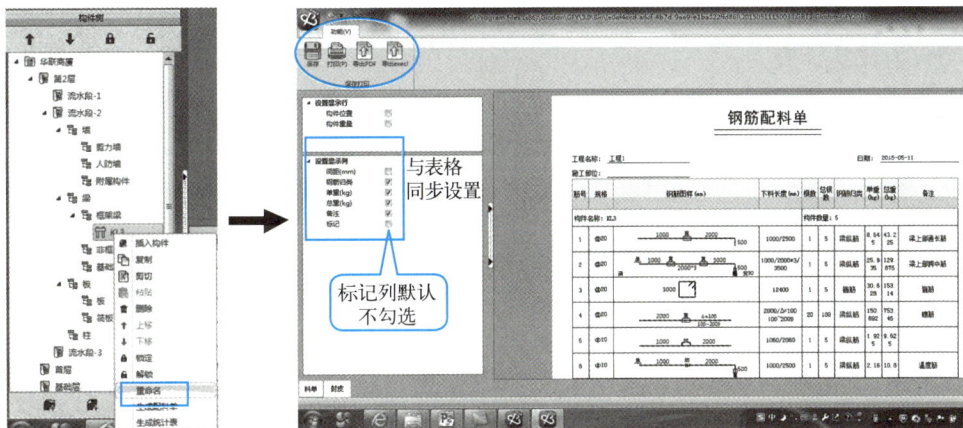

图 10-19　生成配料单

设置显示列中勾选"标记"后，右侧显示标记列，方便工人在下料时对配料单进行标记，如图 10-20 所示。

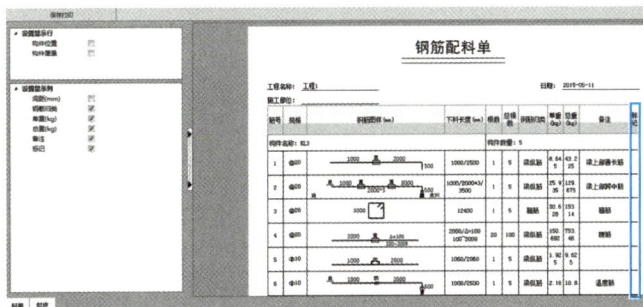

图 10-20　显示标记列的配料单

2）封皮设置并保存

点击左下角封皮，对封皮内容进行设置后点击保存，如图 10-21 所示。

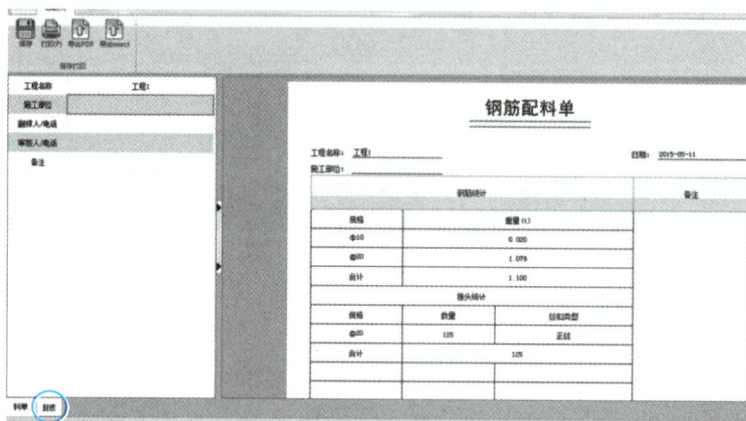

图 10-21　封皮设置

（5）生成统计表

在构件树中选中要生成统计表的构件，点击右键生成统计表，如图 10-22 所示。

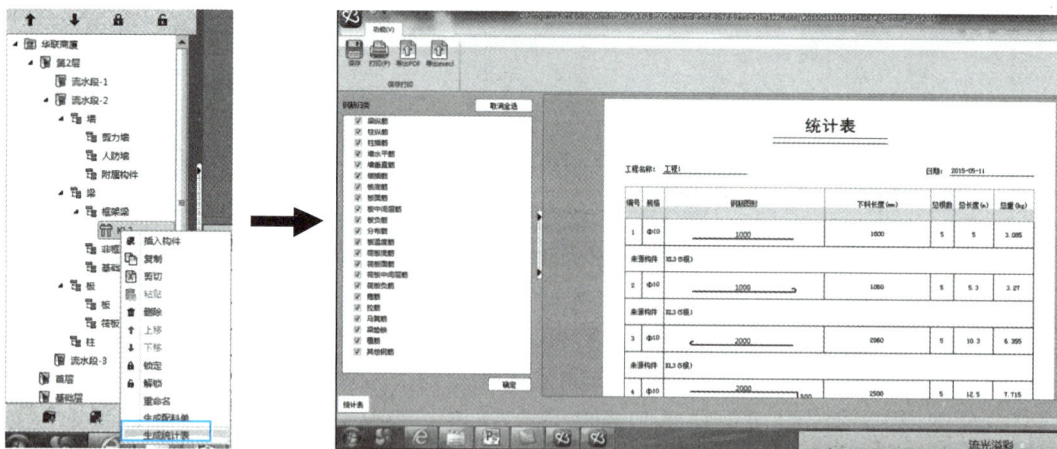

图 10-22　生成统计表

统计表中可对钢筋进行筛选：取消全选→确定→勾选→确定→保存，如图 10-23 所示。

（6）生成多个构件出料单

报表输出→设置施工报表范围→勾选→生成配料单或统计表，如图 10-24 所示。

（7）料单管理器

点击云盘同步，可显示保存的料单和统计表，设置云盘下载路径，如图 10-25 所示。

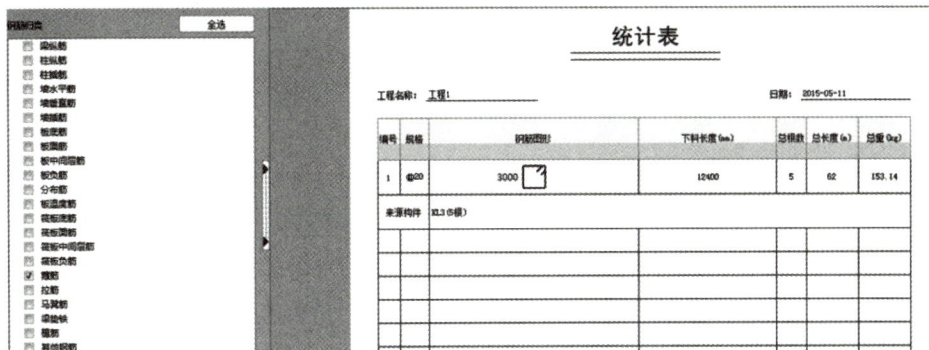

图 10-23　统计表中钢筋筛选

图 10-24　生成多个构件出料单

图 10-25　料单管理器

2.构件法输入

构件法输入是通过 CAD 识别获取梁板的尺寸信息和钢筋信息，云翻样软件自动计算结果，生成料单的软件翻样方法。

（1）图纸管理

1）导入图纸、确认比例

若比例相符点击确定，不符则输入实际尺寸后确定，如图 10-26 所示。

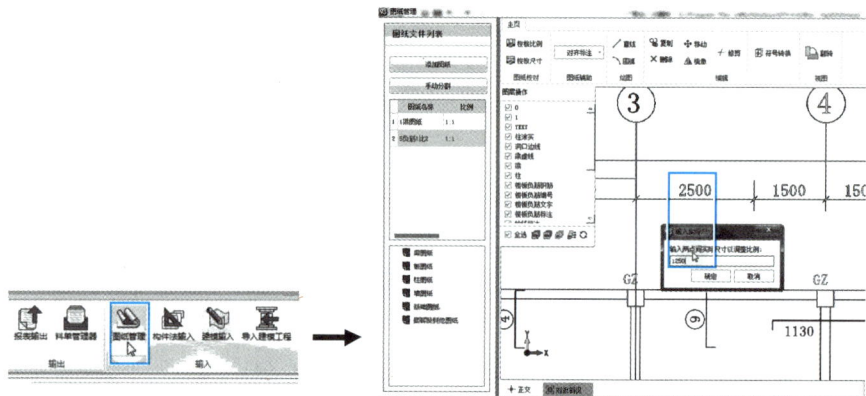

图 10-26 导入图纸和确认比例

2）符号转换

按图 10-27 操作，钢筋级别多种时，多次操作即可。

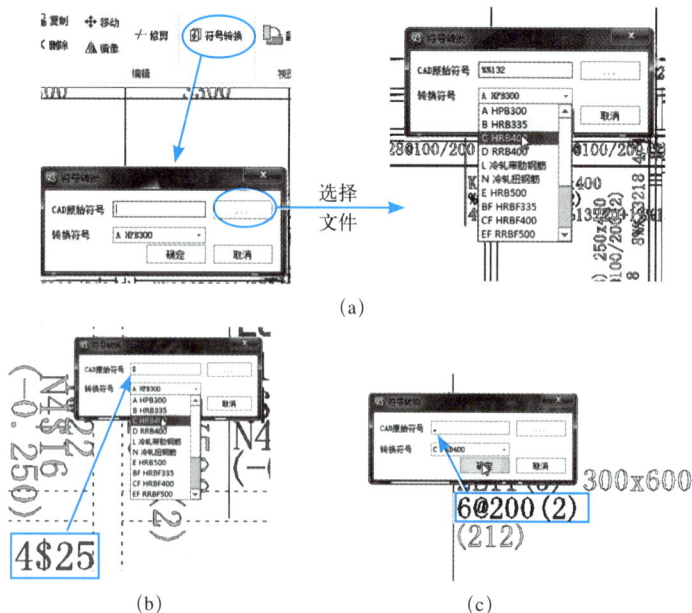

(a)

(b)

(c)

图 10-27 符号转换操作

(a) 常规操作；(b) 非常规钢筋符号时；(c) 钢筋级别缺失时

3）保存图纸

操作步骤：手动分割→框选图纸→右键确定→输入图纸名称→确定，如图 10-28 所示。

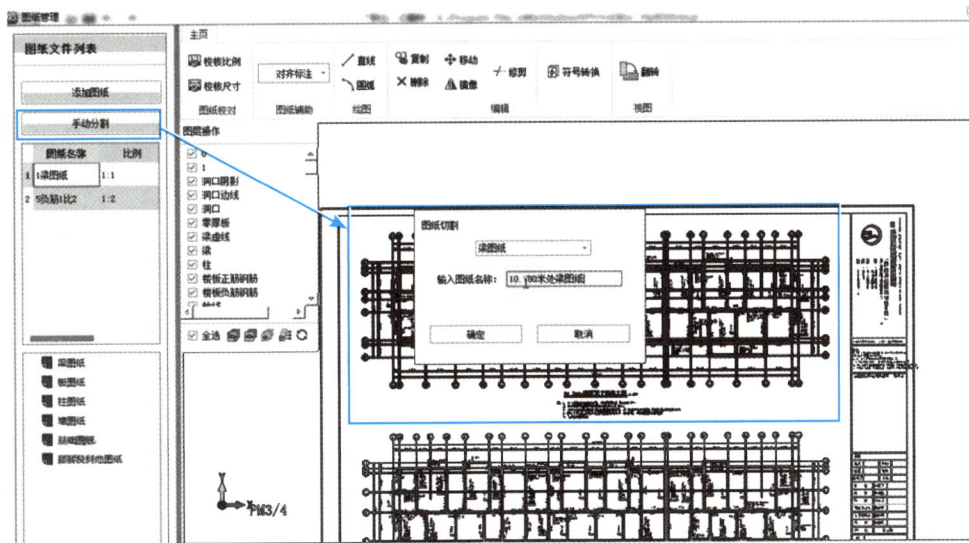

图 10-28　保存图纸

（2）构件法输入——梁

1）进入构件法方式（图 10-29）：①选择文件夹点击进入；②新建构件→选择构件类型→点击构件法。

16.构件法输入——
梁操作视频

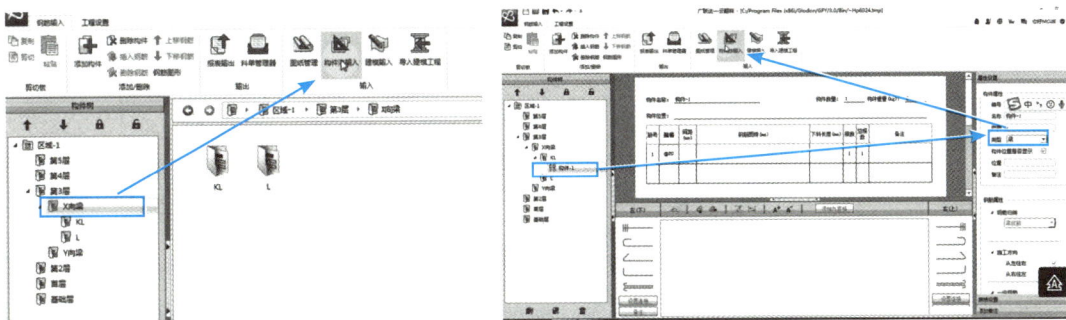

图 10-29　进入构件法方式

2）梁 CAD 识别（图 10-30）

①拾取集中标注

点击拾取集中标注→点选（框选）→右键确定，如图 10-31 所示。识别过的梁颜色变为红色。

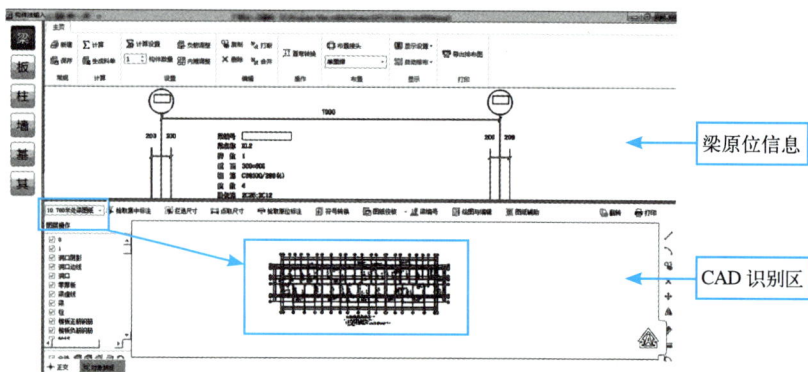

图 10-30 梁 CAD 识别

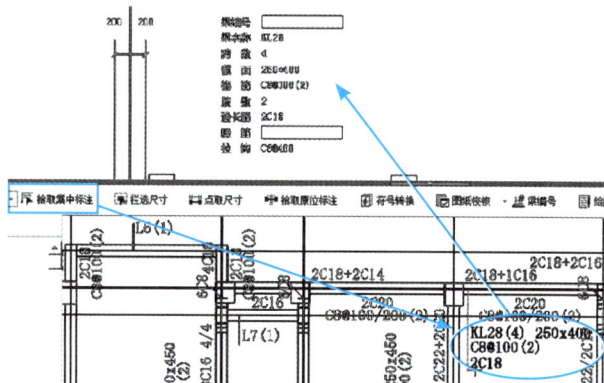

图 10-31 拾取集中标注

②尺寸信息

a. 拦选尺寸：隐藏不需要图层→拦选尺寸→框选→右键确定，如图 10-32 所示。

b. 点取尺寸：点击支座上各个点即可。

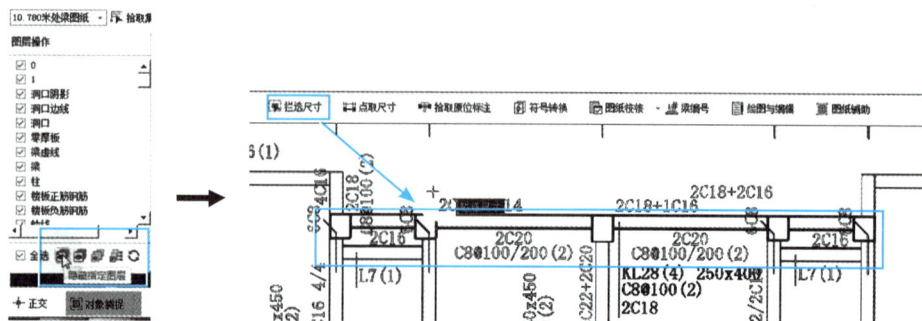

图 10-32 拦选尺寸

③拾取原位标注

拾取原位标注→选一条梁边线或轴线→右键确定→框选该梁附近原位标注→右键，

如图 10-33 所示。

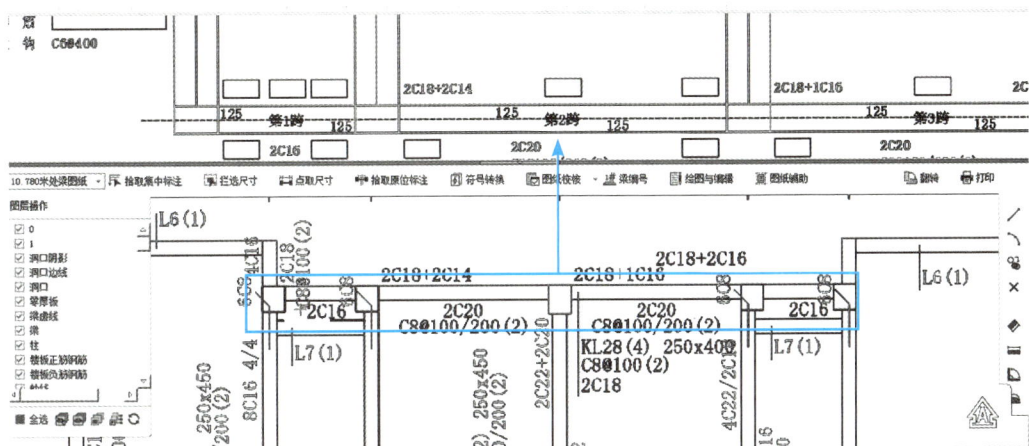

图 10-33　拾取原位标注

④计算

计算如图 10-34 所示。计算生成梁排布图后，下部识别区域自动隐藏。

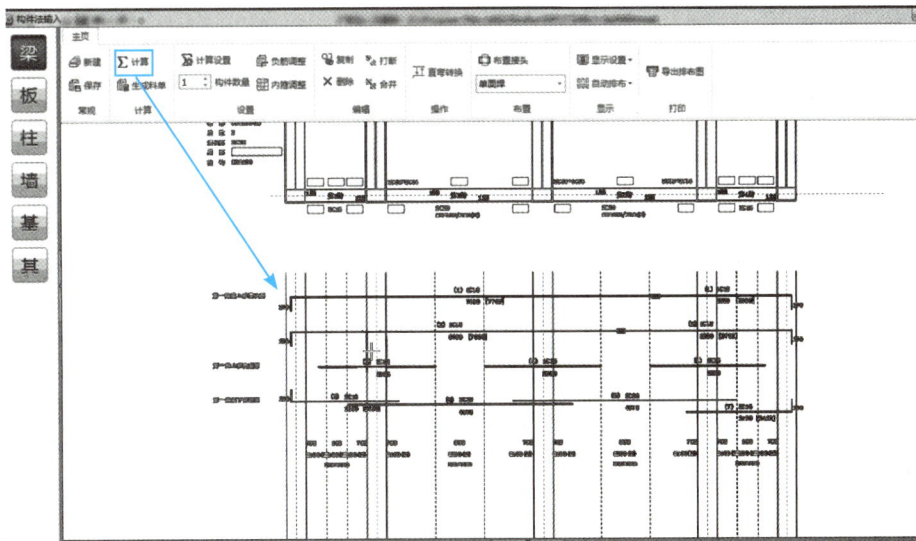

图 10-34　计算结果

⑤生成料单

对生成的计算结果进行检查，无误后即生成料单，在云翻样界面生成结果，如图 10-35 所示。再次点击构件法输入可回到梁排布图中。

新建：识别区域自动弹出并识别之前的图纸。

重复上述操作，识别下一道梁。

图 10-35　料单生成结果

识别 Y 向梁时，为方便查看图纸，可点击翻转，图纸顺时针旋转 90°，如图 10-36 所示。

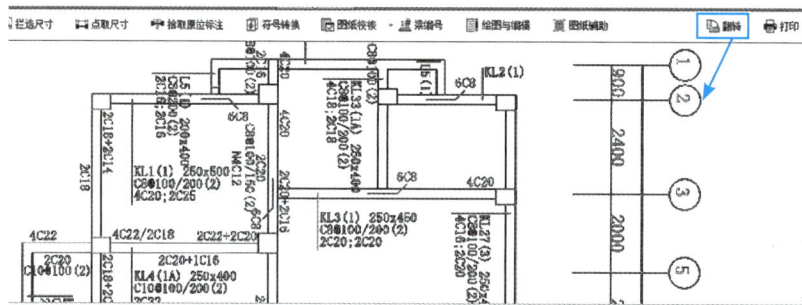

图 10-36　翻转识别 Y 向梁

3）梁识别技巧

①梁编号

梁编号→拾取梁名称→选择梁→右键确定→添加编号，在梁编号对话框中可进行相应设置，如图 10-37 所示。

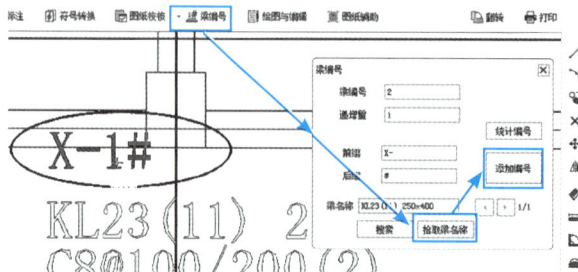

图 10-37　梁编号技巧

不同位置多道同名称梁编号处理：点击梁名称旁的按钮进行上下翻动，将每一道均添加为同一编号，如图 10-38 所示。

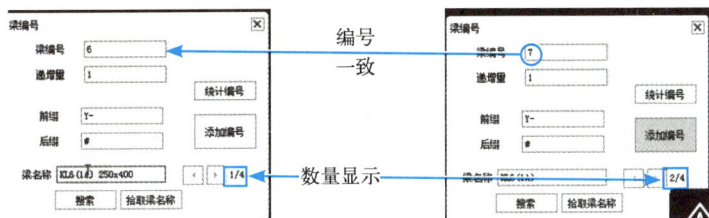

图 10-38　同名称梁编号处理

②梁标注分层

可用于区分 X 向和 Y 向图层，用不同颜色区分。选择 X 向梁标注→框选区域→右键确定→选择 Y 向梁标注→框选区域→右键确定。

4）梁排布图功能

梁排布图中信息：名称，筋号，根数，级别，直径，弯折和平直段长度，下料长度，箍筋加密区和非加密区的根数、间距和尺寸，如图 10-39 所示。

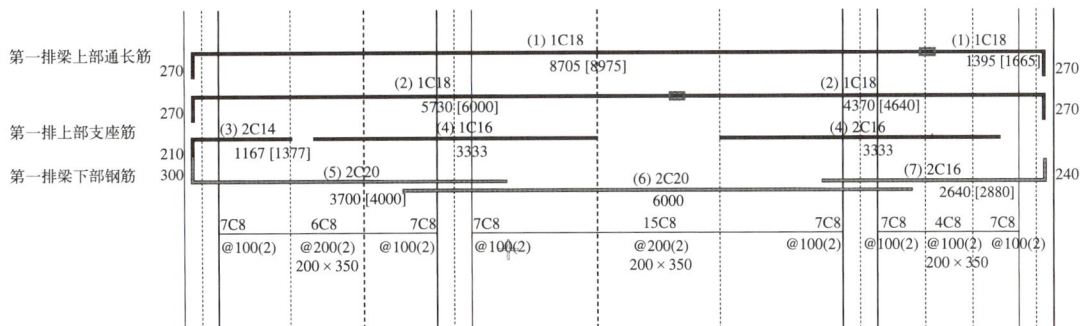

图 10-39　梁排布图

排布图中信息修改：①直接修改。弯折长度支持输入数值或 d 的倍数。②点中钢筋根部移动鼠标改变钢筋长度。支座内弯锚，数值增量为 5；直锚增量为钢筋直径。

①计算设置

a. 保护层

主要包括梁主筋保护层、梁箍筋保护层、梁内箍、梁拉筋设置，如图 10-40 所示。

b. 锚固

主要包括锚固设置、搭接长度设置、接头设置。接头设置中支持设置起始跨，如图 10-41 所示。

c. 上筋

主要包括 KL/L 上筋端支座设置、WKL/KZL 上筋端支座设置、支座负筋，如图 10-42 所示。非框架梁端支座为 $L_n/5$。

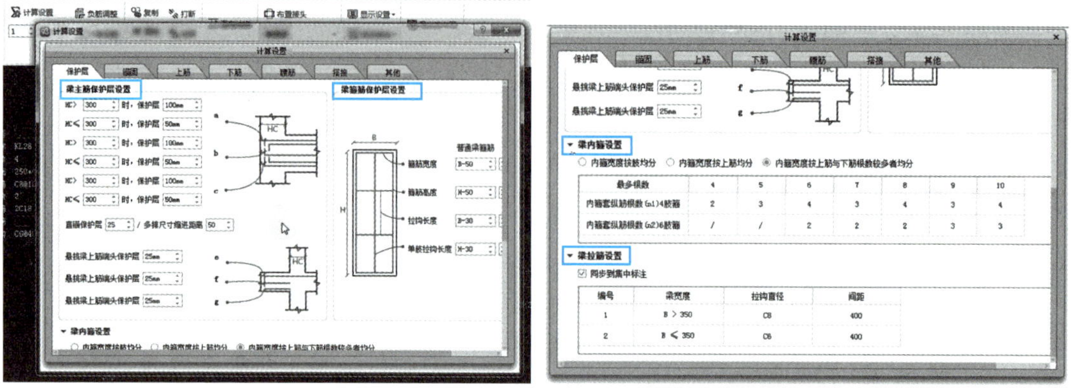

图 10-40　梁保护层设置

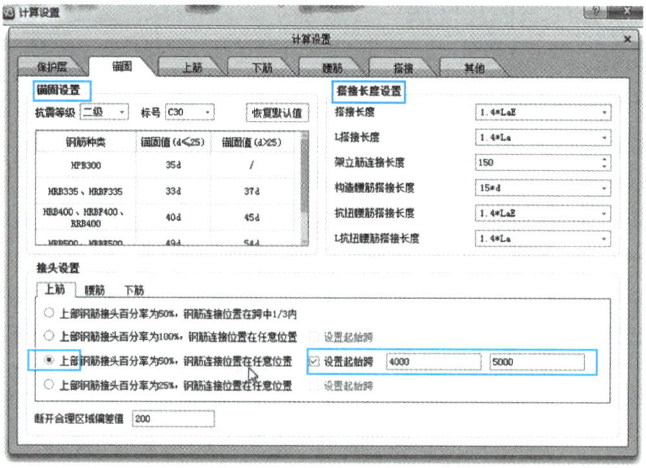

图 10-41　梁锚固设置

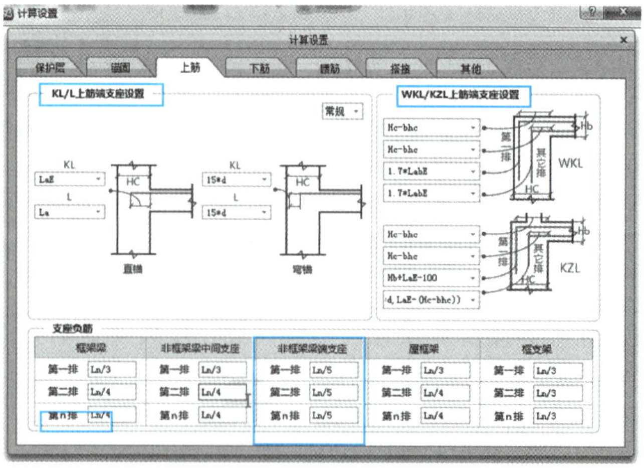

图 10-42　梁上筋设置

d. 下筋设置同上筋

e. 腰筋

主要包括 KL/L/WKL/KZL 端支座腰筋设置、KL/L/WKL/KZL 中间支座腰筋设置、梁侧面纵向构造钢筋设置。

f. 搭接设置

主要包括搭接设置、接头长度调整、直径原材料定尺设置、长度模数设置。

g. 其他（如图 10-43 所示）

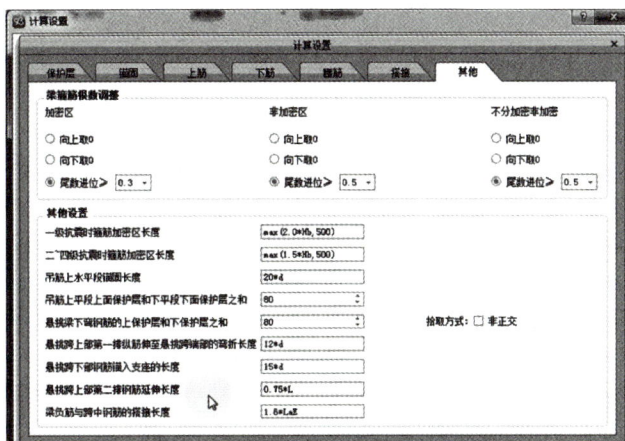

图 10-43　梁设置其他项

②其他设置

a. 负筋调整和内箍调整

快速调整钢筋长度，使加工和绑扎更为方便，修改后刷新到排布图，如图 10-44 所示。

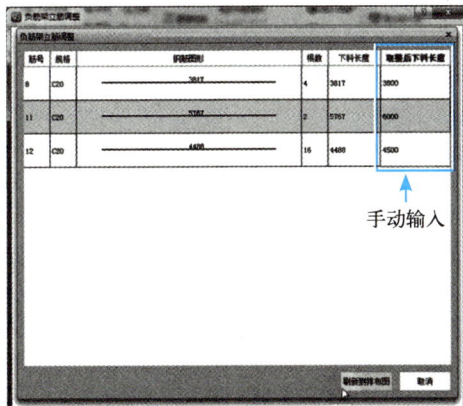

(a)

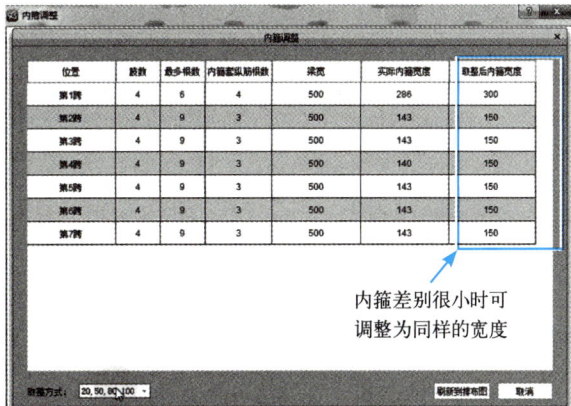

(b)

图 10-44　钢筋长度调整

(a) 负筋架立筋调整；(b) 内箍调整

b. 打断：使钢筋在支座处断开。

c. 合并：可以使遇支座断开的钢筋自动连接上。

d. 直弯锚转换：可将钢筋直锚变弯锚，弯锚变直锚，如图
10-45 所示。

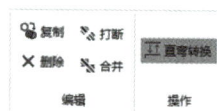
图 10-45 直弯锚转换

e. 悬挑梁：端部右键选择悬挑钢筋弯起形式，如图 10-46 所示。

f. 布置接头：可以给钢筋生成一个断点。鼠标拖动调整接头位置，以 50mm 为单位
变化，如图 10-47 所示。

g. 梁变截面、梁标高与楼层标注不同时的修改如图 10-48 所示，修改后需重新计算。

h. 自动排布：可设置钢筋线宽、钢筋线间距和同排钢筋间距，如图 10-49 所示。

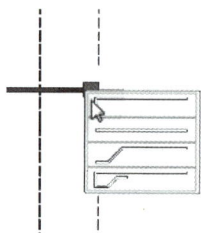
图 10-46 悬挑梁钢筋弯起形式

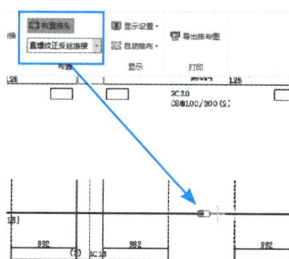
图 10-47 接头布置

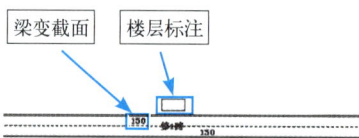
图 10-48 梁截面设置

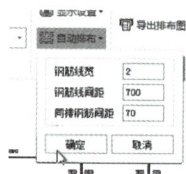
图 10-49 自动排布

③导出排布图：导出格式为 DXF 的文件，可用 CAD 打开，如图 10-50 所示。

图 10-50 导出排布图

（3）构件法——板、柱、墙界面如图 10-51 ～图 10-53 所示。

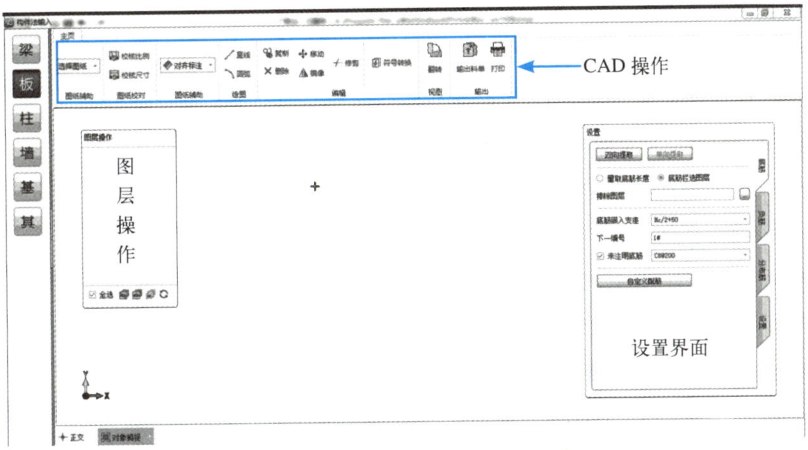

图 10-51　构件法——板界面

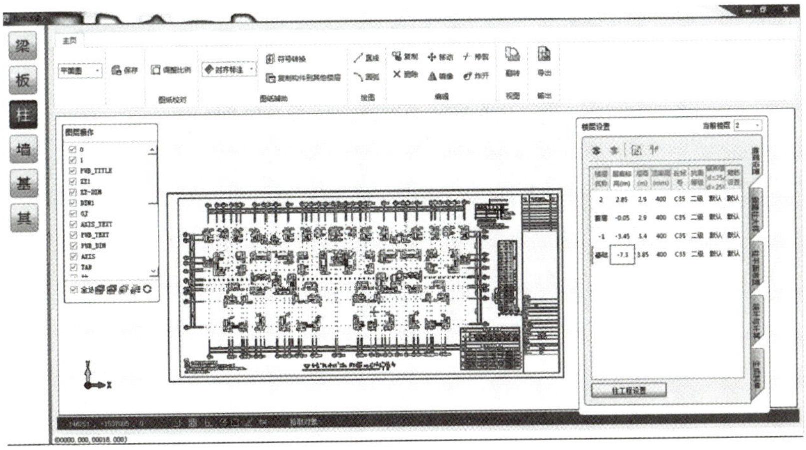

图 10-52　构件法——柱界面

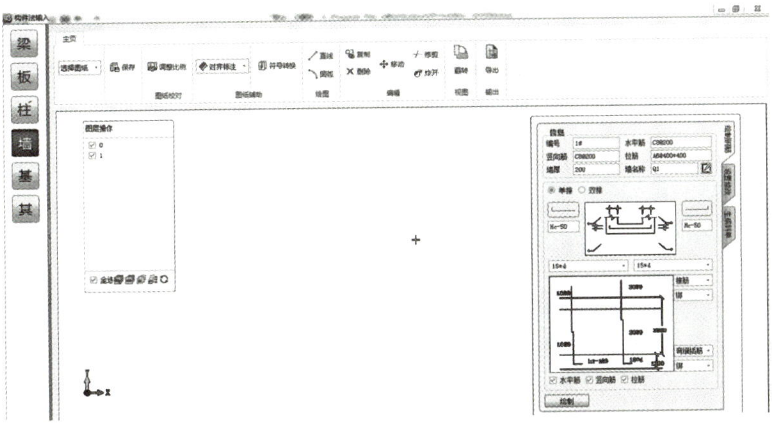

图 4-53　构件法——墙界面

【实践活动】

1. 活动任务

以项目 3 中的图纸信息，通过云翻样软件进行钢筋下料长度计算，并与项目 3 的计算结果进行比较。

2. 活动时间

2 学时。

3. 活动评价

钢筋配料单完成并输出后，对钢筋的下料进行质量检验，具体检验方法见表 10-1。

钢筋翻样质量要求及检验方法   表 10-1

序号	项目	允许偏差	评分标准	检验方法	标准分	得分
1	钢筋的下料长度	按图纸规定	长度错 1 根扣 1 分	查看资料	40	
2	每种钢筋的数量	按图纸规定	每 1 种钢筋数量有错扣 1 分	查看资料	30	
3	钢筋简图、尺寸		错 1 处扣 1 分	查看资料	20	
4	工效		不能按规定时间完成本项无分，每提前 10 分钟加 1 分，最多加 4 分	计时	10	
5	合计				100	

附录
受拉钢筋（抗震）锚固长度

受拉钢筋锚固长度 l_a

钢筋种类	C20	C25		C30		C35		C40		C45		C50		C55		≥C60	
	混凝土强度等级																
	$d \leq 25$	$d \leq 25$	$d > 25$	$d \leq 25$	$d > 25$	$d \leq 25$	$d > 25$	$d \leq 25$	$d > 25$	$d \leq 25$	$d > 25$	$d \leq 25$	$d > 25$	$d \leq 25$	$d > 25$	$d \leq 25$	$d > 25$
HPB300	39d	34d	—	30d	—	28d	—	25d	—	24d	—	23d	—	22d	—	21d	—
HRB335、HRBF335	38d	33d	—	29d	—	27d	—	25d	—	23d	—	22d	—	21d	—	21d	—
HRB400、HRBF400、RRB400	—	40d	44d	35d	39d	32d	35d	29d	32d	28d	31d	27d	30d	26d	29d	25d	28d
HRB500、HRBF500	—	48d	53d	43d	47d	39d	43d	36d	40d	34d	37d	32d	35d	31d	34d	30d	33d

受拉钢筋抗震锚固长度 l_{aE}

钢筋种类及抗震等级		C20	C25		C30		C35		C40		C45		C50		C55		≥C60	
		混凝土强度等级																
		$d \leq 25$	$d \leq 25$	$d > 25$	$d \leq 25$	$d > 25$	$d \leq 25$	$d > 25$	$d \leq 25$	$d > 25$	$d \leq 25$	$d > 25$	$d \leq 25$	$d > 25$	$d \leq 25$	$d > 25$	$d \leq 25$	$d > 25$
HPB300	一、二级	45d	46d	—	40d	—	37d	—	33d	—	32d	—	31d	—	30d	—	29d	—
	三级	41d	42d	—	37d	—	34d	—	30d	—	29d	—	28d	—	27d	—	26d	—
HRB335、HRBF335	一、二级	44d	38d	—	33d	—	31d	—	29d	—	26d	—	25d	—	24d	—	24d	—
	三级	40d	35d	—	30d	—	28d	—	26d	—	24d	—	23d	—	22d	—	22d	—
HRB400、HRBF400	一、二级	—	46d	51d	40d	45d	37d	40d	33d	37d	32d	36d	31d	35d	30d	33d	29d	32d
	三级	—	42d	46d	37d	41d	34d	37d	30d	34d	29d	33d	28d	32d	27d	30d	26d	29d
HRB500、HRBF500	一、二级	—	55d	61d	49d	54d	45d	49d	41d	46d	39d	43d	37d	40d	36d	39d	35d	38d
	三级	—	50d	56d	45d	49d	41d	45d	38d	42d	36d	39d	34d	37d	33d	36d	32d	35d

注：1. 当为环氧树脂涂层带肋钢筋时，表中数据尚应乘以1.25；

2. 当纵向受拉钢筋在施工过程中易受扰动时，表中数据尚应乘以1.1；

3. 当锚固长度范围内纵向受力钢筋周边保护层厚度为3d、5d（d为锚固钢筋的直径）时，表中数据可分别乘以0.8、0.7；中间时按内插值；

4. 当纵向受拉普通钢筋锚固长度修正系数（注1～注3）多于一项时，可按连乘计算；

5. 受拉钢筋的锚固长度 l_a、l_{aE} 计算值不应小于200；

6. 四级抗震时，$l_{aE} = l_a$；

7. 当锚固钢筋的保护层厚度不大于5d时，锚固长度范围内应设置横向构造钢筋，其直径不应小于 $d/4$（d为锚固钢筋的最大直径），且均不应大于100（d为锚固钢筋的最小直径）。对梁、柱等构件间距不应大于5d，对板、墙等构件间距不应大于10d，且均不应大于100（d为锚固钢筋的最小直径）。

参考文献

[1] 中华人民共和国国家标准.建筑工程施工质量验收统一标准 GB 50300—2013[S].北京：中国建筑工业出版社，2013.

[2] 中华人民共和国国家标准.混凝土结构工程施工质量验收规范 GB 50204—2015[S].北京：中国建筑工业出版社，2015.

[3] 中华人民共和国国家标准.混凝土结构工程施工规范 GB 50666—2011[S].北京：中国建筑工业出版社，2011.

[4] 中国建筑标准设计研究院.混凝土结构施工图平面整体表示方法制图规则和构造详图（现浇混凝土框架、剪力墙、梁、板）22G101—1[S].北京：中国计划出版社，2022.

[5] 中国建筑标准设计研究院.混凝土结构施工图平面整体表示方法制图规则和构造详图（现浇混凝土板式楼梯）22G101—2[S].北京：中国计划出版社，2022.

[6] 中国建筑标准设计研究院.混凝土结构施工图平面整体表示方法制图规则和构造详图（独立基础、条形基础、筏形基础、桩基础）22G101—3[S].北京：中国计划出版社，2022.

[7] 中国建筑标准设计研究院.混凝土结构施工钢筋排布规则与构造详图（现浇混凝土框架、剪力墙、梁、板）18G901—1[S].北京：中国计划出版社，2018.

[8] 中国建筑标准设计研究院.混凝土结构施工钢筋排布规则与构造详图（现浇混凝土板式楼梯）18G901—2[S].北京：中国计划出版社，2018.

[9] 中国建筑标准设计研究院.混凝土结构施工钢筋排布规则与构造详图（独立基础、条形基础、筏形基础、桩基础）18G901—3[S].北京：中国计划出版社，2018.

[10] 中华人民共和国国家标准.钢筋混凝土用钢　第2部分：热轧带肋钢筋 GB/T 1499.2—2018[S].北京：中国标准出版社，2018.

[11] 中华人民共和国行业标准.钢筋焊接及验收规程 JGJ 18—2012[S].北京：中国建筑工业出版社，2012.

[12] 中华人民共和国行业标准.钢筋机械连接技术规程 JGJ 107—2016[S].北京：中国建筑工业出版社，2016.